钢筋-钢纤维纳米混凝土粘结及其梁受弯性能

陈刚 著

黄河水利出版社

·郑州·

图书在版编目(CIP)数据

钢筋 – 钢纤维纳米混凝土粘结及其梁受弯性能/陈刚
著. —郑州:黄河水利出版社,2020.2
ISBN 978 – 7 – 5509 – 2600 – 4

Ⅰ.①钢⋯ Ⅱ.①陈⋯ Ⅲ.①钢筋混凝土结构 – 粘
结性 – 研究②钢筋混凝土结构 – 受弯构件 – 结构性能 – 研
究 Ⅳ.①TU375

中国版本图书馆 CIP 数据核字(2020)第 031051 号

出 版 社:黄河水利出版社　　　　　　　　　　　网址:www.yrcp.com
　　　　地址:河南省郑州市顺河路黄委会综合楼 14 层　　邮政编码:450003
发行单位:黄河水利出版社
　　　　发行部电话:0371 – 66026940、66020550、66028024、66022620(传真)
　　　　E-mail:hhslcbs@126.com
承印单位:虎彩印艺股份有限公司
开本:787 mm × 1 092 mm　1/16
印张:7
字数:162 千字　　　　　　　　　　　　　　　　印数:1—1 000
版次:2020 年 2 月第 1 版　　　　　　　　　　　印次:2020 年 2 月第 1 次印刷
定价:48.00 元

前 言

随着我国水利水电、海岸海洋、土木建筑、道路桥梁等工程建设的深入,对混凝土材料及其结构性能提出了更高的要求。混凝土复合化是提高混凝土结构性能、满足现代化工程建设需要的有效方法。本书通过钢纤维与混凝土细观复合以及纳米材料与混凝土微观复合,形成钢纤维纳米混凝土,进一步研究钢筋-钢纤维纳米混凝土粘结性能以及钢筋-钢纤维纳米混凝土梁正截面受弯性能,建立相应的计算模型和公式。主要内容如下:

(1)通过 164 个粘结试件的粘结试验,探讨了基体强度、钢纤维体积率、纳米材料(纳米 SiO_2 和纳米 $CaCO_3$)掺量、钢筋类型和试件形式对粘结破坏形态、粘结滑移曲线和粘结强度的影响,分析了钢纤维以及纳米材料的作用机制。

(2)根据钢纤维纳米混凝土具有较大变形和裂缝扩展能力的特点,建立了钢纤维纳米混凝土环向应变和环向伸长的表达式。在此基础上,将弹性力学理论、虚拟裂缝理论与钢纤维纳米混凝土软化模型相结合,提出了钢筋-钢纤维纳米混凝土粘结强度的计算方法。利用本书及相关文献试验得到的粘结强度结果对提出的方法进行了验证,同时分析了保护层厚度、裂缝数量和钢筋直径对粘结强度的影响。

(3)通过对钢筋纵向开槽,槽内均匀粘贴应变片的局部粘结试验结果的分析,建立了三次多项式表达的粘结应力分布函数,得到了各级荷载作用下钢筋-钢纤维纳米混凝土粘结应力和相对粘结滑移沿粘结区段的分布。在此基础上,提出了能够较好地反映钢筋-钢纤维纳米混凝土受力过程的粘结应力—滑移关系模型。

(4)通过 12 根钢筋-钢纤维纳米混凝土梁的正截面受弯性能试验,分析了基体强度、钢纤维体积率和纳米材料(纳米 SiO_2 和纳米 $CaCO_3$)掺量对梁开裂弯矩、裂缝发展、跨中截面混凝土应变和挠度的影响;考虑梁开裂后钢纤维对开裂截面的作用,提出了钢筋-钢纤维纳米混凝土梁正截面承载力的计算方法及公式;同时,结合国内外现行规范,建立了基于有效惯性矩法和解析法的梁截面刚度的计算方法及公式。

由于作者水平有限,书中难免有错误与不足之处,恳请专家及广大读者批评指正。

作 者
2019 年 10 月

目　录

1　绪　论

1.1　研究背景及意义

混凝土材料是工程建设的基础,广泛应用于水利水电、海洋海岸、土木建筑和道路桥梁等。混凝土的抗压强度较高,而抗拉强度很低,往往复合其他材料用于水工结构、海洋平台、土木结构和桥梁结构等领域,混凝土复合化是提高混凝土性能的最直接方法和手段。混凝土复合化从尺度上可划分为宏观复合化、细观复合化和微观复合化,见图1-1。宏观复合化的混凝土应用已经十分成熟,包括钢筋混凝土结构、钢管混凝土结构和预应力混凝土结构等。细观复合化是在混凝土制备过程中或混凝土结构加固过程中引入新型纤维材料,可以是钢纤维、碳纤维、玻璃纤维或聚合物纤维等,也可以是多种纤维的复合。微观复合化是近十几年来一个新的研究热点和方向,即在混凝土制备过程中加入微观尺度的材料,如纳米材料的 Nano – SiO$_2$(纳米 SiO$_2$)、Nano – CaCO$_3$(纳米 CaCO$_3$)、Nano – TiO$_2$(纳米 TiO$_2$)、Nano – Al$_2$O$_3$(纳米 Al$_2$O$_3$)或 Nano – Fe$_2$O$_3$(纳米 Fe$_2$O$_3$)等,根据混凝土的使用条件不同,可从多方面改善基体的微观结构来实现混凝土各项性能的提升。

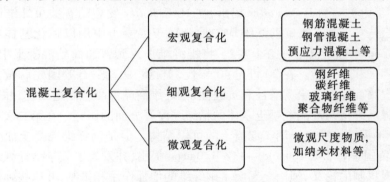

图 1-1　混凝土复合化的层次划分

从材料尺度上严格划分的混凝土复合化,物理上不存在互斥作用,而是可以形成优势互补。宏观复合化的混凝土虽然应用广泛,但是随着混凝土结构在高层、高耸、大跨、特殊使用条件和严酷环境应用的深入,对其施工性、耐久性和抗震性能等提出了新的要求。细观复合化的纤维混凝土,可以满足工程中的高拉应力、复杂受力、抗裂、阻裂、增强和增韧等普通混凝土难以达到的受力要求,具有良好的社会效益和经济效益,进一步推动了钢筋混凝土结构的发展。但细观上纤维材料的复合对混凝土结构各项性能的提高相对有限,要想进一步发掘与提升,寻求微观尺度材料的复合不失为一个好的办法。从理论上来讲,微观尺度的材料,如纳米材料,可以利用自身尺度上的优势更好、更均匀地分散于混凝土基体及界面结构中,同时利用量子效应、表面及界面效应等优异特性,在结构或功能上可赋予混凝土更多、更高的性能。但纳米材料不能从根本上改变普通混凝土性脆、韧性差、延伸率低等缺点，在结构使用中一旦与钢筋产生相对滑移或达到开裂荷载，裂缝便迅速发展，而钢纤维可以改善这些缺点，但钢纤维加入混凝土的同时，材料间的界面比表面积增加，同时钢纤维的骨架作用导致基体内易引入微细观缺陷。那么，利用纳米材料与钢纤维复合所形成的优势互补，共同来提高混凝土材料自身性能、界面粘结性能和构件力学性能的研究将是本书重点的研究方向。

可见，混凝土材料的复合化可以满足单一材料所无法达到的性能要求，不但给人们在选择和设计材料时提供了更多的自由度，而且在不断满足由于科技进步对材料提出各种新的技术要求方面也提供了广阔的前景。因此，本书通过钢纤维与混凝土细观复合以及纳米材料与混凝土微观复合，形成钢纤维纳米混凝土，进一步研究钢筋－钢纤维纳米混凝土粘结性能以及钢筋－钢纤维纳米混凝土梁正截面受弯性能，建立相应的计算模型和公式，为推动钢纤维纳米混凝土在我国水利水电、海岸海洋、土木建筑、道路桥梁等工程建设的应用提供试验依据和理论基础。

1.2　国内外研究现状

1.2.1　钢纤维对混凝土性能的影响

利用钢纤维增强混凝土（称作钢纤维混凝土，steel fibre reinforced concrete，SFRC）的想法在 1910 年由美国的 H. F. Porter 提出，在 H. F. Porter 发表的有关短纤维增强商品混凝土的研究报告中，建议把短钢纤维均匀地分散于混凝土中用以强化基体材料。1911年，美国的 Graham 将此想法付诸于实践，将钢纤维加入到普通商品混凝土中，提高了商品混凝土的强度和稳定性。在 20 世纪 40 年代，美、英、法、德、日等国先后做了许多关于用钢纤维来提高商品混凝土耐磨性和抗裂性、钢纤维商品混凝土制造工艺，并通过改进钢纤维形状以提高纤维与商品混凝土基体的粘结强度等方面的研究。在第二次世界大战期间，日本还曾将钢纤维混凝土用于混凝土的抗爆结构。但是钢纤维混凝土加固理论直至 1963 年才由美国学者 J. P. Romuldi 和 G. B. Batson 提出，并发表了关于钢纤维约束商品混凝土裂缝开展机制的论文，理论上阐明了钢纤维的增强作用和机制，并以线弹性断裂力学为基础，得出了钢纤维商品混凝土开裂强度是由对拉伸应力起有效作用的钢纤维平均间距所决定的结论（纤维间距理论），从而为钢纤维混凝土的进一步研究、开发奠定了理论基础，使它从小规模探索试验阶段跃进到大面积开发的新阶段。

普通混凝土这种性脆、低抗拉强度材料在成型或应力荷载下易产生裂缝，并且随着荷载的持续增加，裂缝发展迅速。在普通混凝土中加入钢纤维形成的钢纤维混凝土可以有效地阻碍裂缝的发展，延缓张拉裂缝的产生，进而提高其拉伸性能、剪切性能及弯曲性能。试验研究表明，在钢纤维体积率适宜且能与其他混合料均匀搅拌成型的情况下，钢纤维混凝土抗压强度的大小主要与混凝土基体的性能有关，与钢纤维的长径比变化无关，钢纤维体积率的增大对抗压强度的提高也较为有限，提高幅度一般在 25% 以内，但是当钢纤维体积率大于 1.0% ~2.0% 以后，抗压强度又呈现出下降的趋势。钢纤维对混凝土强度的影响主要体现在对抗拉性能显著提升,通常情况下,钢纤维体积率在 1.0% ~ 2.0% 时,相比于普通混凝土,抗拉强度能提高 40% ~ 190%,并且随着基体强度增大,抗拉强度的提高程度更大。同时,钢纤维的长径比越大,钢纤维混凝土的抗拉强度越高,因此《钢纤维混凝土》(JG/T 472—2015)将钢纤维混凝土的体积率及长径比作为抗拉强度和弯拉强度标准值的影响参数。钢纤维对混凝土剪切性能的影响也十分显著,普通混凝土受剪达到极限承载力后,裂缝迅速扩展至整个受剪面,而钢纤维混凝土在受剪错动以后,随着裂缝向两侧延伸,钢纤维逐渐被拔出,荷载呈缓慢降低的趋势,表现为韧性破坏。钢纤维掺量在 2.0% 以内,抗剪强度是普通混凝土的 1.5 ~ 2.5 倍。钢纤维也可以提高混凝土的抗折强度和弯曲韧性,研究结果证实,钢纤维混凝土的抗折强度比普通混凝土高得多,钢纤维体积率达到 2.0% 时,钢纤维混凝土的抗折强度比普通混凝土高 50% ~ 90%。钢纤维混凝土试件初裂以后,受拉区裂缝宽度随着荷载的提高而不断增大,普通混凝土在达到初裂荷载后瞬间达到极限强度而突然折断,然而钢纤维混凝土试件在达到极限强度后随着裂缝宽度的增大而缓慢卸载,因此混凝土中钢纤维体积率从 0.2% 增加到 2.0% 时,弯曲韧性根据基体强度不同和初始及残余弯曲韧度比不同,增幅能达到 60% ~ 230%。

因此,钢纤维混凝土用于结构中具有良好的变形能力、抗收缩能力、承载能力以及耐磨性能。例如,钢纤维混凝土应用于围岩衬砌来吸收围岩变形,应用于水利工程中大体积结构以减小收缩变形,同时提高水流作用下的抗冲刷能力;应用于工业与民用建筑中的节点部位以代替箍筋满足对强度、延性、耗能等方面的要求,同时解决节点区钢筋挤压使混凝土难以浇筑的施工问题,应用于道路桥梁工程中可减小路面板厚度,同时增加硬化韧度,以及减少长期干燥、收缩、疲劳荷载引起的开裂破坏。

1.2.2 纳米材料对混凝土性能的影响

1959 年,纳米技术由诺贝尔物理学获得者 Richard P. Feynman 在其发表的演讲 "There's Plenty of Room at the Bottom" 中所提出,此后在物理、化学及生物等领域取得了革命性发展。时至今日,纳米技术在建筑材料领域得到了一定应用与发展。纳米技术可通过操控纳米尺度结构,从而在物理力学性能及耐久性能方面赋予水泥基复合材料特定或多种功能,例如低电阻率、自感知能力、自净能力、自愈合能力、高延性以及裂缝自控制能力等。纳米混凝土通常是在混凝土中掺入纳米尺度的材料,例如纳米粒子或者纳米管,其粒径或长度通常小于 100 nm,可有效填充水泥硬化浆体中 20 ~ 150 nm 的微孔,结合水化作用使混凝土获得更加优异的性能。

纳米 SiO_2 在水泥基材料方面的应用最为广泛,加入到混凝土掺和料中可以促进火山灰反应,$Ca(OH)_2$($C—H$)更多地在纳米 SiO_2 表面形成键合,加速水泥 $C—S—H$ 凝胶的生成,起到了降低 $C—H$ 含量和细化 $C—H$ 晶体的作用,另外 $C—S—H$ 凝胶以纳米 SiO_2 为核心形成刺猬状结构,可起到 $C—S—H$ 凝胶网络结点的作用,改善了基体的微观结构,降低了水泥硬化浆体和骨料界面中 $C—H$ 晶体的取向性,进而提高基体强度,同时 SiO_2 的孔隙填充作用降低了孔隙率,可提高基体抗渗透性能。

纳米 $CaCO_3$ 加入到水泥浆拌和料中可降低水泥浆体的流动性以及凝结时间,减小水泥浆体的早期收缩变形。纳米 $CaCO_3$ 价格约为纳米 SiO_2 价格的 1/10,在混凝土基体中同样具有微孔隙填充作用,可参与水泥水化作用生成低碳型水化碳铝酸钙($3CaO \cdot Al_2O_3 \cdot CaCO_3 \cdot 11H_2O$),这是纳米$CaCO_3$提高混凝土早期强度的原因之一。若与硅灰复合,则可以优化级配,提供更好的级配、密实和强度效果;若与纳米SiO_2复合,则可以进一步提高水化速度。

纳米TiO_2加入道路面板混凝土中不仅可以提高水泥早期水化,还可以提高耐磨性能和抗疲劳性能,此外,自清洁和防污染是纳米TiO_2所特有的性质,可降低环境中的氮氧化物、一氧化碳、挥发性有机污染物和工业、交通排放的污染物,现已被广泛应用于建筑物立面以及道路的铺装材料。纳米Fe_2O_3加入混凝土中在提高混凝土强度的同时也具有一定的自检测功能,可通过电导率来检测混凝土应力和开裂。纳米Al_2O_3同样也可以增强混凝土基体,提高混凝土弹性模量。纳米MgO加入水泥和混凝土中具有一定的膨胀效果,并且效果随着掺量的提高而显著,可作为水泥或混凝土膨胀剂。纳米ZrO_2加入铝酸盐水泥中可以提高浆体的残余热导率和容积热容量,可作为理想的高温储热材料用于未来的太阳能槽式发电厂等相关工业领域。

1.2.3　钢筋与混凝土粘结性能研究

在钢筋混凝土构件中,要保证钢筋与混凝土两种不同材料能够有效地协同工作,关键在于两者之间是否有着良好的粘结锚固性能。钢筋与混凝土的粘结锚固主要来自于两者之间的胶结力、摩擦力和机械咬合力。对于光圆钢筋,粘结主要依赖于胶结力和界面上的摩擦力;而对于带肋钢筋,除了由胶结力和界面摩擦力提供粘结,最主要的是钢筋肋所提供的机械咬合力。

现有钢筋与混凝土的粘结性能试验方法有我国《水运工程混凝土试验检测技术规范》(JTS/T 236—2019)所提出的拉拔试验和国外 Anders Losberg 所建议的拉拔试验,两者的不同之处在于前者的粘结段在混凝土基体靠近自由端位置,而后者的粘结段在混凝土基体的中间。拉拔试验时,钢筋受拉,混凝土基体底部受压,因此存在一定压应力的影响,但是试件成型和测试方法较为简单。此外,还有欧洲 RILEM 所建议的梁式试验或模拟梁式试验,该试验方法考虑了拉拔试验所不能反映在构件中钢筋锚固区存在弯矩及剪力共同作用的影响,但是试件制作以及成型较为复杂。现有国内外研究主要采用的就是这三种粘结试件来分析不同筋材和不同混凝土之间的粘结锚固性能。研究成果主要围绕着粘结强度和粘结滑移性能两方面来考虑。

钢筋与混凝土粘结性能的研究成果证实,两者之间的粘结强度主要受混凝土抗拉强度、混凝土保护层厚度、混凝土配合比、钢筋屈服强度、钢筋直径、钢筋表面几何形状、钢筋埋长、箍筋、加载方式以及外界环境等众多因素的影响。

随着研究的深入,钢筋与混凝土的平均粘结强度计算模型综合考虑的因素也是越来越多,使其能够尽可能地反映各项因素的影响。表1-1列出了近几十年来国内外部分学者所建议的钢筋与普通混凝土或钢纤维混凝土粘结强度计算模型,基本上涵盖了上述因素的考虑。

国内外钢筋与混凝土粘结应力—滑移本构关系模型研究中,大多数是基于平均粘结强度随自由端的滑移来建立其粘结应力—滑移本构关系模型。而实际粘结部分的粘结应力分布并不是均匀的,随粘结位置的不同而变化,因此部分粘结应力—滑移本构模型的研究中考虑了粘结位置的影响。表1-2列出了国内外现有钢筋与普通混凝土或钢纤维粘结应力—滑移本构关系的模型,模型中涉及钢筋直径、钢筋肋间距、粘结长度、混凝土基体强度、混凝土保护层厚度以及钢纤维特征参数等因素的影响。

从上述部分模型分析以及相关研究成果可以发现,随着钢纤维体积率的增大、长径比的提高可以提高带肋钢筋与钢纤维混凝土之间的粘结强度和粘结滑移性能。特别是对于高强混凝土,带肋钢筋拔出时一般发生劈裂破坏,钢纤维在混凝土中可以抑制或减小劈裂裂缝过早地产生及开展,另外可以与钢筋表面的肋形成机械锚固来进一步提高粘结性能。对于光圆钢筋而言,由于缺少肋间锚固,一般只发生拔出破坏,所以钢纤维对光圆钢筋和混凝土粘结性能的提高效果不显著。

1.2.4 钢纤维混凝土梁正截面受弯性能研究

钢纤维混凝土适筋梁从加载至破坏,其正截面上的应力、应变以及挠度随着荷载的持续提高而不断变化,整个过程分为弹性阶段、裂缝扩展阶段、纤维增强阶段和破坏阶段。与普通混凝土梁不同的是,弹性阶段即将出现表面裂缝时,荷载挠度曲线没有明显拐点;裂缝扩展阶段时,混凝土受拉区裂缝宽度小但数量多,钢纤维阻裂作用使裂缝缓慢向受压区方向扩展,受拉区由钢筋和钢纤维共同承担荷载;在纤维增强阶段,梁的挠度在钢筋屈服以后迅速增加,受拉区裂缝间的钢纤维对荷载持续提高发挥主导作用;最后在破坏阶段时,钢纤维逐渐从裂缝两侧的混凝土基体中拔出,荷载下降,受压区混凝土出现横向裂缝并伴随着鳞片状隆起。

钢纤维混凝土梁的正截面开裂荷载、承载力以及受压区边缘的极限压应变比普通混凝土梁略高,且随着钢纤维体积率增大以及基体强度的增大而增大,延性性能也得到了明显的改善。而钢纤维类型对钢纤维混凝土梁的正截面承载力影响不大,主要取决于钢纤维的长径比。由于钢纤维显著提高了混凝土的抗拉强度,所以在正截面承载力计算时,往往需要考虑受拉区钢纤维混凝土的抗拉强度。

钢纤维体积率以及长径比的变化同样能影响梁正常使用极限状态下的刚度,随着钢纤维体积率的提高以及钢纤维长径比的增大,钢纤维混凝土梁的刚度有一定程度的增长。这是由于钢纤维限制了初裂裂缝的过早产生和抑制了裂缝的扩展,减小了跨中截面受拉区高度,减缓了中和轴位置的上升,降低了从初裂转动惯量到完全破坏转动惯量的转变率。《纤维混凝土结构技术规程》(CECS 38:2004)基于解析刚度法,结合《混凝土结构设计规范》(GB 50010—2010),考虑了钢纤维的阻裂增强作用,据此提出了钢纤维混凝土梁的短期刚度计算方法,该方法引入钢纤维影响系数以及特征参数来表达钢纤维对短期刚度的增强。

试验研究表明,钢纤维混凝土对梁的抗裂性能提高有着显著效果,除了抗裂荷载增大,裂缝宽度也大幅度减小。一是纤维阻裂效应,构件开裂较迟,钢纤维在裂缝拔出过程中给混凝土基体裂缝尖端应力场施加了一个反向的力场,缓和了裂缝尖端的应力集中,阻滞裂缝开展;二是混凝土即便发生开裂,桥接于裂缝两侧的钢纤维仍能够传递应力,对裂

表 1-1 粘结强度计算模型统计

作者	平均粘结强度 τ 计算模型	注释
BS 8110	$\beta\sqrt{f_c}$	β 为钢筋表面特征和其受力状态有关系数;f_c 为混凝土抗压强度
CEB - FIP	$\eta_1\eta_2\eta_3 f_t$	η_1 为钢筋类型系数;η_2 为考虑钢筋位置的系数;η_3 为考虑钢筋直径变化的系数;f_t 为混凝土抗拉强度
ACI 318	$\dfrac{10}{3}\dfrac{\lambda\sqrt{f_c}}{\psi_1\psi_2\psi_3}\dfrac{c+k_{tr}}{d_s}$	ψ_1 为与钢筋浇筑位置有关的系数;ψ_2 为与钢筋涂层有关的系数;ψ_3 为与钢筋尺寸有关系数;λ 为与混凝土抗压强度有关的折减系数;c 为混凝土保护层厚度;d_s 为钢筋直径;k_{tr} 为劈裂面箍筋约束系数,$k_{tr}=40A_{sv}/sn$,其中 A_{sv} 为箍筋截面面积,s 为箍筋间距,n 为劈裂面钢筋数量
Orangun 等	$\left(0.1+0.25\dfrac{c}{d_s}+4.15\dfrac{d_s}{l_s}+\dfrac{A_{sv}f_{yv}}{41.25sd_s}\right)\sqrt{f_c}$	l_s 为钢筋粘结长度或搭接长度;f_{yv} 为箍筋屈服强度
Harajli 等	$0.25\times\dfrac{\rho_f l_f}{d_f}\dfrac{c}{d_s}\sqrt{f_c}$	ρ_f 为钢纤维体积率;l_f 为钢纤维长度;d_f 为钢纤维等效直径
Zuo 等	$\left(0.23+0.16\dfrac{c_m}{d_s}+14.1\dfrac{d_s}{l_s}\right)\left(0.1\dfrac{c_M}{c_m}+0.9\right)\sqrt[4]{f_c}$	c_m 和 c_M 为 c_s 和 c_b 的最小值和最大值;c_s 为 $c_{si}+6$ mm 和 c_{so} 中的最小值;c_{si} 为 1/2 钢筋净距;c_{so} 和 c_b 为侧边和底边保护层厚度
Harajli 等	$\left(0.23+0.46\dfrac{c_m}{d_s}+14.1\dfrac{d_s}{l_s}+0.25\dfrac{\rho_f l_f}{d_f}\dfrac{c}{d_s}\right)\sqrt[4]{f_c}$	
Yerlici 等	$\xi\dfrac{\sqrt[3]{f_c}\,c^{0.8}}{\sqrt{d_s}}(1+0.88k_{tr}^{0.6})$	$\xi=0.19\sim0.26$;$k_{tr}=A_{sv}f_{yv}/10sn$

续表 1-1

作者	平均粘结强度 τ 计算模型	注释
Esfahani 等	$$\tau_c = \frac{1 + 1/M}{1.85 + 0.024\sqrt{M}}\left(0.88 + 0.12\frac{c_{med}}{c_m}\right)$$	开裂粘结强度 $$\tau_c = 4.9 \times \frac{c/d_s + 0.5}{c/d_s + 3.6}f_{ct} \quad (f_c < 50 \text{ MPa}),\ \tau_c = 8.6\frac{c/d_s + 0.5}{c/d_s + 5.5}f_{ct} \quad (f_c \geq 50 \text{ MPa});\ M$$ $$= \cosh\left(0.0022\,l_s\sqrt{r\frac{f_c}{d_s}}\right);\ r\ 为与钢筋类型有关的系数;\ f_{ct} = 0.55\sqrt{f_c};\ c_{med}\ 为\ c_{si}、c_{so}\ 和\ c_b$$ 中的中间值

表 1-2 粘结应力—滑移本构关系模型统计

作者	粘结应力 τ—滑移 s 本构关系模型	注释
金正生 等	$$\tau = 14.9 \times 10^3 s - 1.16 \times 10^6 s^2 - 0.07 \times 10^9 s^3$$	s 为相对滑移量
徐有邻 等	$$\tau_s = 0.99f_t,\ s_s = 0.0008 d_s;$$ $$\tau_{cr} = \left(1.6 + 0.7\frac{c}{d}\right)f_t,\ S_{cr} = 0.024 d_s$$ $$\tau_u = \left(1.6 + 0.7\frac{c}{d} + 20\rho_{sv}\right)f_t,\ s_u = 0.0368 d_s;$$ $$\tau_r = 0.98f_t,\ s_r = 0.54 d_s$$	τ_s 为微滑移粘结强度，τ_{cr} 为劈裂粘结强度；τ_u 为极限粘结强度；τ_r 为残余粘结强度；s_s、s_{cr}、s_u 和 s_r 分别为上述粘结强度所对应的相对滑移量
Nilson	$$\tau = 3.606 \times 10^6 s - 5.356 \times 10^9 s^2 + 1.986 \times 10^{12} s^3$$	
Mirza 等	$$\tau = \left(5.3 \times 10^2 - 2.52 \times 10^4 s^2 + 5.87 \times 10^5 s^3 - 5.47 \times 10^6 s^4\right)\sqrt{\frac{f_c}{40.7}}$$	
狄生林	$$\tau = 67.17 \times 10^3 s - 21.72 \times 10^6 s^2 + 2.19 \times 10^9 s^3$$	

续表 1-2

作者	粘结应力 τ—滑移 s 本构关系模型	注释
滕智明等	$\tau = (61.5s - 693s^2 + 3.14 \times 10^3 s^2 - 0.478 \times 10^4 s^3) f_{ts} \sqrt{\dfrac{c}{d}} F(x)$	f_{ts} 为混凝土劈拉强度；$F(x)$ 为粘结应力分布函数
Alsiwat 等	$\tau = \tau_u \left(\dfrac{s}{s_1}\right)^{0.4}$，$s_1 = \sqrt{\dfrac{30}{f_c}}$，$s_2 = 3.0$； $\tau_r \left(5.5 - 0.77 \dfrac{s_1}{h_1}\right)\sqrt{\dfrac{f_c}{27.6}}$，$s_r$，$c_0$	$\tau_u = \left(20 - \dfrac{d_s}{4}\right)\sqrt{\dfrac{30}{f_c}}$；$s_1$ 和 s_2 为 τ_u 所对应的相对滑移量，且 $s_1 < s_2$；s_1 和 h_1 分别为钢筋肋间距和肋高；c_0 为钢筋肋间净距
Haraji 等	拔出型破坏： $\tau = \tau_u \left(\dfrac{s}{s_1}\right)^{0.3}$，$s_1 = 0.15c_0$，$s_2 = 0.35c_0$，$\tau_r = 0.35\tau_u$；$s_r = c_0$ 劈裂型破坏： $\tau_s = \left(3.0 + 3.5 \dfrac{c}{d_s}\right)\sqrt{f_c} \le \tau_u$；$\tau_{ps} = 4.0\sqrt{f_c}\dfrac{\rho_t f_t}{d_f}\dfrac{c}{d_s} = 0.3\tau_{ps}$	$\tau_u = 31\sqrt{f_c}$；τ_s 和 τ_{ps} 分别为劈裂时和劈裂后的摩擦粘贴应力

缝起着约束作用,降低了钢筋上的应力;三是增大了钢筋与混凝土间的粘结应力,减小了相对滑移。因此,裂缝宽度计算中,往往引入裂缝宽度影响系数和钢纤维的特征参数,裂缝宽度影响系数与混凝土基体强度有关,而钢纤维特征参数越大,裂缝宽度越小,这与试验结果是一致的。

1.3　存在的问题及主要研究内容

1.3.1　存在的问题

通过对国内外关于纳米混凝土及钢纤维混凝土研究状况的分析,发现国内外学者对纳米混凝土材料性能以及对钢纤维混凝土从材料性能到构件性能进行了较为系统的研究,对实际工程应用提供了大量的有价值的研究成果。由于两种材料在层次上的不同,进而对混凝土增强机制以及增强效果也不同。细观层次上钢纤维的加入,在提高混凝土力学性能的同时也增加了混凝土材料间的界面面积,那么势必要增大界面间微细观缺陷存在的可能性,影响钢纤维作用效率的提高。微观层次上纳米材料的加入,其微孔隙填充作用以及水化的促进作用可以改善基体密实度以及界面环境。理论上两种材料微细观层次上的搭配可进一步提高混凝土性能,但目前针对这两种材料共同复合的研究相对较少,有必要从材料增强机制、材料及构件力学性能方面进行深入地研究。

钢筋与混凝土粘结性能的研究是构件力学性能研究的基础,正如前面所提到的,现有的粘结性能试验方法因国内外规范存在差异,所得到的结果也存在一定的差异。当前大多数研究主要采用某一种试验方法进行分析,缺少了不同粘结试验方法的对比分析,给混凝土结构设计可能带来一定的误差,需要对不同粘结试验方法进行比较研究。另外,现有的粘结应力—滑移本构关系模型主要是对平均粘结应力—滑移所提出的,由于粘结应力随不同粘结位置的变化而变化,现有文献有针对普通混凝土提出的考虑粘结位置的粘结应力—滑移本构关系模型,缺少对钢筋–钢纤维纳米混凝土粘结应力分布和粘结滑移分布的研究,限制了其在理论计算以及数值模拟计算方面的应用。

材料本身力学性能是影响构件力学性能的主要因素,纳米材料和钢纤维加入混凝土后可能会改变钢筋混凝土构件的受弯性能。由于缺乏相关的文献参考,以及缺少理论计算与计算模型,限制了钢纤维纳米混凝土在构件层面上的应用。

1.3.2　主要研究内容

针对上述所存在的问题,本书从宏观、细观、微观三个层次对混凝土进行复合,即在混凝土中引入钢纤维以及纳米材料,首先从材料层面研究钢筋–钢纤维纳米混凝土协同工作的粘结性能,分析钢筋–钢纤维纳米混凝土的粘结强度、粘结滑移性能和破坏形态,探讨钢纤维与纳米材料的增强效果与增强机制;然后从构件层面进一步研究钢筋–钢纤维纳米混凝土梁的受弯性能,分析钢筋–钢纤维纳米混凝土梁在受弯破坏下的开裂及裂缝发展、变形、承载力和刚度等。主要研究内容如下:

1.3.2.1　钢筋－钢纤维纳米混凝土粘结性能试验研究

通过标准粘结试件、Losberg 粘结试件的拉拔试验，以及梁式粘结试件的三分点加载试验，分析混凝土基体强度、钢纤维体积率和纳米材料掺量对破坏形态、粘结滑移曲线和粘结强度的影响，同时比较钢筋类型、试件形式对粘结性能试验结果的影响，分析钢纤维以及纳米材料的增强机制。

1.3.2.2　钢筋－钢纤维纳米混凝土粘结强度计算方法

根据钢纤维纳米混凝土的环向伸长，基于弹性力学理论和虚拟裂缝理论，并结合钢纤维纳米混凝土的开裂软化关系，提出钢筋－钢纤维纳米混凝土粘结强度的计算方法，利用本书及相关文献试验所得到的粘结强度结果对提出的方法进行验证，同时分析保护层厚度、裂缝数量和钢筋直径对粘结强度的影响。

1.3.2.3　钢筋－钢纤维纳米混凝土粘结应力—滑移关系模型

通过钢筋纵向开槽，槽内均匀粘贴应变片的局部粘结试验结果，由局部粘结段的应变差推求粘结长度上不同点的粘结应力与粘结滑移，研究钢筋－钢纤维纳米混凝土粘结应力和粘结滑移分布规律，建立适合钢筋－钢纤维纳米混凝土粘结特点的粘结应力－滑移关系模型。

1.3.2.4　钢筋－钢纤维纳米混凝土梁正截面受弯性能研究

通过钢筋－钢纤维纳米混凝土梁的三分点加载试验，研究混凝土基体强度、钢纤维体积率、纳米材料掺量对梁的开裂弯矩、裂缝发展、跨中截面混凝土变形和挠度的影响，提出钢筋－钢纤维纳米混凝土梁正截面受弯承载力计算方法以及截面刚度计算方法。

参考文献

[1] Davis H E, Kelly J W, Troxell G E. Composition and properties of concrete[M]. 2d ed. New York: McGraw-Hill, 1968.

[2] Mehta P K, Monteiro P J M. Composition and properties of concrete[M]. 3d ed. New York: McGraw-Hill, 2009.

[3] 吴人洁. 复合材料[M]. 天津: 天津大学出版社, 2002.

[4] 李晗. 高温后纤维纳米混凝土性能及其计算方法[D]. 郑州: 郑州大学, 2015.

[5] Rosenblueth E. Design of earthquake resistant structures[M]. New York: Wiley, 1980.

[6] Sommer H. 高性能混凝土的耐久性[M]. 北京: 科学出版社, 1998.

[7] 冯乃谦. 高性能混凝土结构[M]. 北京: 机械工业出版社, 2004.

[8] Shah S P, Skarendahl A. Steel fiber concrete: US-Sweden joint seminar (NSF-STU), Stockholm, June 3-5, 1985[M]. London: Elsevier Applied Science Publishers, 1986.

[9] 高丹盈, 刘建秀. 钢纤维混凝土基本理论[M]. 北京: 科学技术文献出版社, 1994.

[10] 高丹盈, 赵军, 朱海堂. 钢纤维混凝土设计与应用[M]. 北京: 中国建筑工业出版社, 2002.

[11] Sanchez F, Sobolev K. Nanotechnology in concrete-A review[J]. Construction and Building Materials, 2010, 24(11): 2060-2071.

[12] Sobolev K, Shah S P. Nanotechnology of concrete: recent developments and future perspectives[M]. Farmington Hills, Mich: American Concrete Institute, 2008.

[13] 李晗,高丹盈,赵军.纤维纳米混凝土力学性能和抗氯离子渗透性能的研究[J].华北水利水电学院学报,2012,33(6):39-45.

[14] Harry F P. The preparation of concrete-from selection of materials to final deposition[J]. ACI Journal Proceedings,1910,6(2):287-303.

[15] Zollo R F. Fiber-reinforced concrete:an overview after 30 years of development[J]. Cement and Concrete Composites,1997,19(2):107-122.

[16] James P R,James A M. Tensile strength of concrete affected by uniformly distributed and closely spaced short lengths of wire reinforcement[J]. ACI Journal Proceedings,1964,61(6):657-672.

[17] Johnston C D. Fiber-reinforced cements and concretes[M]. London and New York:Taylor & Francis,2000.

[18] 高丹盈,黄承逵.钢纤维混凝土的抗压强度[J].河南科学,1991,9 (2):78-84.

[19] Yazıcı S,İnan G,Tabak V. Effect of aspect ratio and volume fraction of steel fiber on the mechanical properties of SFRC[J]. Construction and Building Materials,2007,21(6):1250-1253.

[20] 高绪明.钢纤维对超高性能混凝土性能影响的研究[D].长沙:湖南大学,2013.

[21] 谢晓鹏,杨广军,高丹盈.钢纤维高强混凝土抗压强度[J].河南科技大学学报(自然科学版),2008,29(5):54-56.

[22] 刘华.钢纤维混凝土的抗压强度[J].国外公路,1993,13(3):32-34.

[23] Lee S,Oh J,Cho J. Compressive behavior of fiber-reinforced concrete with end-hooked steel fibers[J]. Materials,2015,8(4):1442-1458.

[24] Yan H,Sun W,Chen H. The effect of silica fume and steel fiber on the dynamic mechanical performance of high-strength concrete[J]. Cement and Concrete Research,1999,29(3):423-426.

[25] Khalaj G,Nazari A. Modeling split tensile strength of high strength self compacting concrete incorporating randomly oriented steel fibers and SiO_2 nanoparticles[J]. Composites Part B:Engineering,2012,43(4):1887-1892.

[26] Zhang J,Yan C W,Jia J Q. Compressive strength and splitting tensile strength of steel fiber reinforced ultra high strength concrete (SFRC)[J]. Applied Mechanics and Materials,2010,34-35:1441-1444.

[27] 陈刚,高丹盈,王东,等.钢纤维纳米 SiO_2 混凝土强度的试验研究[J].河北工业大学学报,2014,43(6):77-80.

[28] Chowdhury M A,Islam M M,Zahid Z I. Finite element modeling of compressive and splitting tensile behavior of plain concrete and steel fiber reinforced concrete cylinder specimens[J]. Advances in Civil Engineering,2016:1-11.

[29] 中华人民共和国住房和城乡建设部.钢纤维混凝土:JG/T 472—2015[S].北京:中国标准出版社,2015.

[30] Amir A M,Banthia N. Shear strength of steel fiber-reinforced concrete[J]. ACI Materials Journal,2002,99(5):473-479.

[31] 高丹盈,朱海堂,汤寄予.纤维高强混凝土抗剪性能的试验研究[J].建筑结构学报,2004,25(6):88-92.

[32] 杨萌,黄承逵,刘毅.钢纤维高强混凝土抗剪性能试验研究[J].大连理工大学学报,2005,45(6):842-846.

[33] Jang S J,Yun Y J,Yun H D. Influence of fiber volume fraction and aggregate size on flexural behavior of high strength steel fiber-reinforced concrete (SFRC)[J]. Applied Mechanics and Materials,2013,372:

223-226.

[34] Moon D,Kang T,Chang S,et al. Flexural performance evaluation of SFRC with design strength of 60 MPa [J]. Journal of Korean Tunnelling and Underground Space Association,2013,15(3):175-186.

[35] Aldossari K M,Elsaigh W A,Shannag M J. Effect of steel fibers on flexural behavior of normal and high strength conc rete[J]. International Journal of Civil, Structural, Construction and Architectural Engineering,2014,8(1):22-26.

[36] Zhang P,Zhao Y N,Li Q F,et al. Flexural toughness of steel fiber reinforced high performance concrete containing nano－SiO$_2$ and fly ash[J]. Scientific World Journal,2014:1-11.

[37] 高丹盈,赵亮平,冯虎,等.钢纤维混凝土弯曲韧性及其评价方法[J].建筑材料学报,2014,17(5): 783-789.

[38] 李士恩,申永坚.纤维混凝土在水工建筑工程中的应用(上)[J].人民珠江,2002,23(2):23-26.

[39] 李士恩,申永坚.纤维混凝土在水工建筑工程中的应用(下)[J].人民珠江,2002,23(3):22-25.

[40] Hu X G,Momber A W,Yin Y. Erosive wear of hydraulic concrete with low steel fiber content[J]. Journal of Hydraulic Engineering,2006,132(12):1331-1340.

[41] Dobashi H,Konishi Y,Nakayama M,et al. Development of steel fiber reinforced high fluidity concrete segment and application to construction[J]. Tunnelling and Underground Space Technology,2006,21(3- 4):422.

[42] Plizzari G A,Tiberti G. Steel fibers as reinforcement for precast tunnel segments[J]. Tunnelling and Underground Space Technology,2006,21(3-4):438-439.

[43] 杜国平,刘新荣,祝云华,等.隧道钢纤维喷射混凝土性能试验及其工程应用[J].岩石力学与工程 学报,2008,27(7):1448-1454.

[44] 崔光耀,王道远,倪嵩陟,等.软弱围岩隧道钢纤维混凝土衬砌承载特性模型试验研究[J].岩土工 程学报,2016:1-7.

[45] 史科.钢筋钢纤维高强混凝土梁柱节点抗震性能及计算方法[D].郑州:郑州大学,2016.

[46] Shakya K,Watanabe K,Matsumoto K,et al. Application of steel fibers in beam-column joints of rigid- framed railway bridges to reduce longitudinal and shear rebars[J]. Construction and Building Materials, 2012,27(1):482-489.

[47] Ahad A, Khan Z, Srivastava S. Application of steel fiber in Increasing the strength, life-period and reducing overall cost of road construction (by minimizing the thickness of pavement)[J]. World Journal of Engineering & Technology,2015,3(4):240-250.

[48] Martí J V, Yepes V, Gonzalez-Vidosa F. Memetic algorithm approach to designing precast-prestressed concrete road bridges with steel fiber reinforcement[J]. Journal of Structural Engineering,2015,141(2): 1.

[49] 夏浩,吴振华,王涛.钢纤维混凝土路面的发展和设计[J].水泥技术,2009(1):23-26.

[50] 陈荣生,符冠华,王宝生.钢纤维混凝土路面厚度设计方法的研究[J].土木工程学报,1992,25 (4):56-62.

[51] Feynman R P. There's plenty of room at the bottom (reprint from speech given at annual meeting of the American Physical Society)[J]. Engineering Science,1960,23:22-36.

[52] Sanchez F,Sobolev K. Nanotechnology in concrete-A review[J]. Construction and Building Materials, 2010,24(11):2060-2071.

[53] Jo B,Kim C,Tae G,et al. Characteristics of cement mortar with nano－SiO$_2$ particles[J]. Construction and Building Materials,2007,21(6):1351-1355.

[54] Ji T. Preliminary study on the water permeability and microstructure of concrete incorporating nano – SiO_2[J]. Cement and Concrete Research,2005,35(10):1943-1947.

[55] Björnström J, Martinelli A, Matic A, et al. Accelerating effects of colloidal nano-silica for beneficial calcium-silicate-hydrate formation in cement[J]. Chemical Physics Letters,2004,392(1-3):242-248.

[56] Liu X, Chen L, Liu A, et al. Effect of nano – $CaCO_3$ on properties of cement paste[J]. Energy Procedia, 2012,16:991-996.

[57] 李固华,高波. 纳米微粉 SiO_2 和 $CaCO_3$对混凝土性能影响[J]. 铁道学报,2006(1):131-136.

[58] Li H, Zhang M, Ou J. Abrasion resistance of concrete containing nano-particles for pavement[J]. Wear, 2006,260(11-12):1262-1266.

[59] Li H, Zhang M, Ou J. Flexural fatigue performance of concrete containing nano-particles for pavement [J]. International Journal of Fatigue,2007,29(7):1292-1301.

[60] Vallée F, Ruot B, Bonafous L, et al. Cementitious materials for self-cleaning and depolluting facade surfaces[C] // Kashino N, Ohama Y, eds. RILEM International Symposium on Environment-Conscious Materials and Systems for Sustainable Development. Bagneux:RILEM Publications SARL,2004:337-346.

[61] Murata Y, Tawara H, Obata H, et al. Air purifying pavement:Development of photocatalytic concrete blocks[J]. Journal of Advanced Oxidation Technologies,1999,4(2):227-230.

[62] Li H, Xiao H, Ou J. A study on mechanical and pressure-sensitive properties of cement mortar with nanophase materials[J]. Cement and Concrete Research,2004,34(3):435-438.

[63] Li Z, Wang H, He S, et al. Investigations on the preparation and mechanical properties of the nano-alumina reinforced cement composite[J]. Materials Letters,2006,60(3):356-359.

[64] Ye Q, Yu K, Zhang Z. Expansion of ordinary Portland cement paste varied with nano – MgO [J]. Construction and Building Materials,2015,78:189-193.

[65] Yuan H, Shi Y, Xu Z, et al. Influence of nano – ZrO_2 on the mechanical and thermal properties of high temperature cementitious thermal energy storage materials [J]. Construction and Building Materials, 2013,48:6-10.

[66] Abrams D A. Tests of bond between concrete and steel[M]. Urbana:University of Illinois at Urbana Champaign,1913.

[67] 中华人民共和国交通运输部. 水运工程混凝土试验检测技术规范:JTS/T 236—2019[S]. 北京:人民交通出版社股份有限公司,1998.

[68] Losberg A, Olsson P. Bond failure of deformed reinforcing bars based on the longitudinal splitting effect of the bars[J]. Journal Proceedings,1979,76(1):5-18.

[69] Bingöl A F, Gül R. Residual bond strength between steel bars and concrete after elevated temperatures [J]. Fire Safety Journal,2009,44(6):854-859.

[70] BSI. BS 8110-1 Structural use of concrete-Part 1:Code of practice for design and construction[S]. London:British Standards Insitution,1997.

[71] Comite Euro-international Du Beton. CEB-FIP model code:design code[S]. London:Thomas Telford Services Ltd. ,1990.

[72] ACI Committee. ACI 318-14 Building code requirements for structural concrete[S]. USA:Farmington Hills:American Concrete Institute,2014.

[73] Orangun C O, Jirsa J O, Breen J E. A Reevaulation of test data on development length and splices[J]. ACI Journal Proceedings,1977,74(3):114-122.

[74] Harajli M H, Mabsou M E. Evaluation of bond strength of steel reinforcing bars in plain and fiber-

reinforced concrete[J]. ACI Structural Journal,2002,99(4):509-517.

[75] Jun Z,Darwin D. Splice strength of conventional and high relative rib area bars in normal and high-strength concrete[J]. ACI Structural Journal,2000,97(4):630-641.

[76] Harajli M H,Gharzeddine O. Effect of steel fibers on bond performance of steel bars in NSC and HSC under load reversals[J]. Journal of Materials in Civil Engineering,2007,19(10):864-873.

[77] Yerlici V A,Ozturan T. Factors affecting anchorage bond strength in high-performance concrete[J]. ACI Structural Journal,2000,97(3):499-507.

[78] Esfahani M R,Rangan B V. Bond between normal strength and high-strength concrete (HSC) and reinforcing bars in splices in beams[J]. ACI Structural Journal,1998,95(3):272-280.

[79] 金芷生,朱万福,庞同和. 钢筋与混凝土粘结性能试验研究[J]. 南京工学院学报,1985(2):73-85.

[80] 徐有邻,沈文都,汪洪. 钢筋砼粘结锚固性能的试验研究[J]. 建筑结构学报,1994,15(3):26-37.

[81] Nilson A H. Nonlinear analysis of reinforced concrete by the finite element method[J]. ACI Journal Proceedings,1968,65(9):757-766.

[82] Mirza S M,Houde J. Study of bond stress-slip relationships in reinforced concrete[J]. ACI Journal Proceedings,1979,76(1):19-46.

[83] 狄生林. 钢筋混凝土梁的非线性有限元分析[J]. 南京工学院学报,1984(2):87-96.

[84] 滕智明,王传志. 钢筋混凝土结构理论[M]. 北京:中国建筑工业出版社,1985.

[85] Alsiwat J,Saatcioglu M. Reinforcement anchorage slip under monotonic loading[J]. Journal of Structural Engineering,1992,118(9):2421-2438.

[86] Garcia-Taengua E,Martí-Vargas J R,Serna P. Bond of reinforcing bars to steel fiber reinforced concrete[J]. Construction and Building Materials,2016,105:275-284.

[87] Harajli M H. Development/splice strength of reinforcing bars embedded in plain and fiber Reinforced Concrete[J]. ACI Structural Journal,1994,91(5):511-520.

[88] Yazıcı S,Arel H S. The effect of steel fiber on the bond between concrete and deformed steel bar in SFRCs[J]. Construction and Building Materials,2013,40:299-305.

[89] Bae B,Choi H,Choi C. Bond stress between conventional reinforcement and steel fibre reinforced reactive powder concrete[J]. Construction and Building Materials,2016,112:825-835.

[90] 高丹盈,陈刚,Hadi M N S,等. 钢筋与钢纤维混凝土的黏结－滑移性能及其关系模型[J]. 建筑结构学报,2015,36(7):132-139.

[91] 谢丽. 钢纤维高强混凝土弯曲与粘结性能的试验研究[D]. 郑州:郑州大学,2003.

[92] 管巧艳. 钢筋钢纤维高强混凝土梁受弯性能研究[D]. 郑州:郑州大学,2005.

[93] Ashour S A,Wafa F F. Flexural behavior of high-strength fiber reinforced concrete beams[J]. ACI Structural Journal,1993,90(3):279-287.

[94] 林涛. 钢筋钢纤维高强混凝土梁抗弯性能的试验研究[D]. 大连:大连理工大学,2002.

[95] 张欢欢. 钢纤维高强陶粒混凝土梁抗弯性能试验研究[D]. 厦门:华侨大学,2015.

[96] 刘兰,卢亦焱,徐谦. 钢筋钢纤维高强混凝土梁的抗弯性能试验研究[J]. 铁道学报,2010,32(5):130-135.

[97] Fritih Y,Vidal T,Turatsinze A,et al. Flexural and shear behavior of steel fiber reinforced SCC beams[J]. KSCE Journal of Civil Engineering,2013,17(6):1383-1393.

[98] Bywalski C Z,Kaminski M. Estimation of the bending stiffness of rectangular reinforced concrete beams made of steel fibre reinforced concrete[J]. Archives of Civil and Mechanical Engineering,2011,11(3):553-571.

[99] 大连理工大学. 纤维混凝土结构技术规程:CECS 38:2004[S]. 北京:中国计划出版社,2004.

[100] 中华人民共和国住房和城乡建设部. 混凝土结构设计规范:GB 50010—2010[S]. 北京:中国建筑工业出版社,2010.

[101] 高丹盈,张明. 基于有效惯性矩的钢纤维高强混凝土梁刚度计算方法[J]. 中国公路学报,2013,26(5):62-68.

[102] Vasanelli E,Micelli F,Aiello M A,et al. Crack width prediction of FRC beams in short and long term bending condition[J]. Materials and Structures,2014,47(1):39-54.

[103] Vandewalle L. Cracking behaviour of concrete beams reinforced with a combination of ordinary reinforcement and steel fibers[J]. Materials and Structures,2000,33(3):164-170.

[104] 高丹盈,张明,赵军. 疲劳荷载下钢纤维高强混凝土梁裂缝宽度的计算方法[J]. 土木工程学报,2013,46(3):40-48.

[105] 黄承逵,赵国藩,王志杰. 钢筋钢纤维混凝土受弯构件裂缝宽度计算方法[J]. 大连理工大学学报,1993,33(5):558-565.

2　试验概况

2.1　试验材料

2.1.1　水泥

试验采用河南省郑州市中牟县白沙镇天瑞水泥有限公司生产的 P·O 42.5 型普通硅酸盐水泥,该水泥符合《通用硅酸盐水泥》(GB 175—2007)标准规定的品质指标要求,掺有 16.0% 的矿渣和粉煤灰混合材料。试验检测及厂家提供的水泥性能指标见表 2-1。

表 2-1　水泥性能指标

性能指标	单位	标准值	检测值
比表面积	m^2/kg	≥300	349
初凝时间	min	≥45	172
终凝时间	min	≤600	232
沸煮安定性	—	合格	合格
三氧化硫	%	≤3.5	2.18
氧化镁	%	≤5.0	2.21
烧失量	%	≤5.0	3.82
氯离子	%	≤0.06	0.018
3 d 抗折强度	MPa	≥3.5	5.6
28 d 抗折强度	MPa	≥6.5	8.5
3 d 抗压强度	MPa	≥17.0	27.8
28 d 抗压强度	MPa	≥42.5	46.8

2.1.2　钢纤维

试验采用上海贝卡尔特 – 二钢有限公司生产的佳密克丝钢纤维(见图 2-1),产品依据 AS – 10 – 01 标准执行。厂家提供的产品机械性能和化学成分见表 2-2 和表 2-3。

图 2-1　钢纤维

表 2-2　钢纤维的机械性能

类型	公称直径 d_f （mm）	抗拉强度 f_{ft} （MPa）	长度 l_f （mm）	长径比 l_f/d_f
切断弓形	$0.55 \pm 10\%$	$1\,345 \pm 15\%$	$35 \pm 10\%$	64

表 2-3　钢纤维的化学成分

元素	C(碳)	Si(硅)	Mn(锰)	P(磷)	S(硫)
含量(%)	≤0.10	≤0.30	≤0.60	≤0.035	≤0.035

2.1.3　粗骨料

试验采用的粗骨料为粒径 5～20 mm 的石灰石碎石,连续级配,级配曲线见图 2-2,各项指标符合《建设用卵石、碎石》(GB/T 14685—2011)的相关要求。

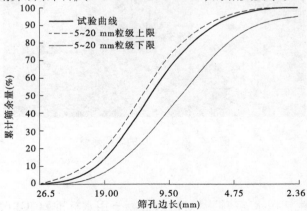

图 2-2　粗骨料级配曲线

2.1.4　细骨料

试验所用细骨料为级配良好的天然河砂,级配曲线见图2-3,细度模数为2.73,属中砂,各项指标符合《建设用砂》(GB/T 14684—2011)的相关要求。

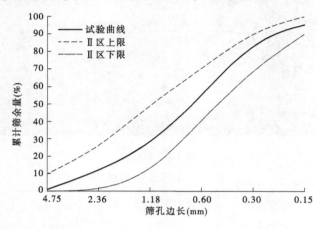

图2-3　细骨料级配曲线

2.1.5　纳米材料

试验采用的纳米材料为纳米 SiO_2 矿粉(简称 NS)和纳米 $CaCO_3$ 矿粉(简称 NC),如图2-4所示。厂家提供纳米矿粉物理指标见表2-4。经溶水测试发现,NS 容易分散于水溶液当中,而 NC 较难分散,部分颗粒漂浮在水溶液表面,如图2-5 所示。

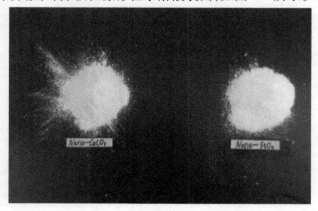

图2-4　NS 和 NC 的堆积形貌

2.1.6　水

试验采用普通生活用水,各项指标符合《混凝土用水标准》(JGJ 63—2006)的相关要求。

表 2-4　纳米矿粉物理指标

纳米矿粉	物理状态	主含量（%）	平均粒径（nm）	比表面积（m²/g）	表观密度（g/L）	pH 值
NS	白色粉末	≥99.5	30	200 ± 10	40 ~ 60	5.0 ~ 7.0
NC	白色粉末	≥98.5	15 ~ 40	24 ~ 32	680	8.0 ~ 9.0

图 2-5　NS 和 NC 的溶水测试

2.1.7　外加剂

试验采用的外加剂为聚羧酸液态高效减水剂,产品按照《混凝土外加剂》(GB 8076—2017)标准执行。

2.1.8　钢筋

试验采用四种不同型号的钢筋:HPB 235、HPB 300、HRB 335 和 HRB 500。厂家提供的产品各项指标符合《钢筋混凝土用钢　第 1 部分:热轧光圆钢筋》(GB/T 1499.1—2017)和《钢筋混凝土用钢　第 2 部分:热轧带肋钢筋》(GB/T 1499.2—2018)的各项要求。同时,对所用四种钢筋的力学性能指标进行实际检测,检测结果见表 2-5。

表 2-5　钢筋力学性能指标

型号	直径 d_s（mm）	屈服强度 f_y（MPa）	抗拉强度 f_{st}（MPa）	伸长率 δ_{st}（%）
HPB235	16	327.7	448.0	39.3
HPB300	10	375.0	547.7	28.2
HRB335	16	364.0	540.9	29.4
HRB500	16	556.0	756.3	22.5

2.2　参数设计

　　试验主要研究基体强度、钢纤维体积率、NS 掺量、NC 掺量、钢筋类型、试件形式对钢筋 – 钢纤维纳米混凝土粘结性能的影响,以及钢筋 – 钢纤维纳米混凝土梁正截面受弯性能的影响。根据试验目的及要求,按照水灰比为 0.47、0.31 和 0.27 比例分别设计了工程中较为常用的 C40、CF40、CF60 和 CF80 强度混凝土,涵盖范围从低强到高强。钢纤维体积率设计为 0、0.5%、1.0% 和 1.5%,体积率每增加0.5%,对应每立方米混凝土添加 39 kg 钢纤维。纳米材料掺量按照替代同等质量水泥的比例表示,其中 NS 掺量设计为 0、0.5%、1.0% 和 2.0%,NC 掺量设计为 0、1.0%、2.0% 和 3.0%,另设计一组 1.0% NS + 1.0% NC 双掺作为对比。试件分组及参数变化见表 2-6。试件分组编号按照字母加数字的组合方式表示,其中前两位数字代表基体强度等级,F 代表钢纤维,F 后数字代表钢纤维体积率,S 代表纳米 SiO_2(NS),S 后数字代表 NS 掺量,C 代表纳米 $CaCO_3$(NC),C 后数字代表 NC 掺量。以 40F1S1C1 为例,表示基体强度等级为 CF40,钢纤维体积率为 1.0%,NS 掺量为 1.0%,NC 掺量为 1.0% 的钢纤维纳米混凝土。

表 2-6　试件分组及参数变化

影响因素	试件编号	基体强度等级	钢纤维体积率	NS 掺量	NC 掺量
基本组	40F0S0C0	C40	0	0	0
基体强度	40F1S1C0	CF40			
	60F1S1C0	CF60	1%	1%	0
	80F1S1C0	CF80			
钢纤维	40F0S1C0		0		
	40F05S1C0	C40/CF40	0.5%	1%	0
	40F1S1C0		1.0%		
	40F15S1C0		1.5%		
NS	40F1S0C0			0	
	40F1S05C0	CF40	1.0%	0.5%	0
	40F1S1C0			1.0%	
	40F1S2C0			2.0%	
NC	40F1S0C0				0
	40F1S0C1	CF40	1.0%	0	1.0%
	40F1S0C2				2.0%
	40F1S0C3				3.0%
NS + NC	40F1S1C1	CF40	1.0%	1.0%	1.0%

2.3 配合比设计

试验以基体强度、钢纤维体积率以及纳米材料掺量的参数变化作为主要研究对象。因此,在研究某一参数(除基体强度)变化时,保持水、水泥、砂、石及其他材料的比例不变,设计了用于钢筋-钢纤维纳米混凝土粘结性能试验研究的混凝土基体(见表2-7),以及用于钢筋-钢纤维纳米混凝土梁正截面受弯性能试验的混凝土基体(见表2-8)。

表2-7 配合比设计(钢筋-钢纤维纳米混凝土粘结性能试验) (单位:kg/m³)

编号	水	水泥	砂	石	钢纤维	NS	NC	减水剂
40F0S0C0	184	392	660	1 214	0	0	0	0
40F1S1C0	184	388.08	660	1 214	78	3.92	0	2.35
60F1S1C0	155	495	610	1 185	78	5	0	5
80F1S1C0	145	533.61	546	1 220	78	5.39	0	6.74
40F0S1C0	184	388.08	660	1 214	0	3.92	0	0
40F05S1C0	184	388.08	660	1 214	39	3.92	0	0.78
40F15S1C0	184	388.08	660	1 214	117	3.92	0	3.92
40F1S0C0	184	392	660	1 214	78	0	0	2.35
40F1S05C0	184	390.04	660	1 214	78	1.96	0	2.35
40F1S2C0	184	384.16	660	1 214	78	7.84	0	2.35
40F1S0C0	184	392	660	1 214	78	0	0	2.35
40F1S0C1	184	388.08	660	1 214	78	0	3.92	2.35
40F1S0C2	184	384.16	660	1 214	78	0	7.84	2.35
40F1S0C3	184	380.24	660	1 214	78	0	11.76	2.35
40F1S1C1	184	384.16	660	1 214	78	3.92	3.92	2.35

表 2-8　配合比设计(钢筋－钢纤维纳米混凝土梁正截面受弯性能试验)

(单位:kg/m³)

编号	水	水泥	砂	石	钢纤维	NS	NC	减水剂
40F0S0C0	214	454.55	697	1 084	0	0	0	0
40F1S1C0	214	450	697	1 084	78	4.55	0	2.73
60F1S1C0	155	495	610	1 185	78	5	0	5
80F1S1C0	159	582	595	1 108	78	5.88	0	7.35
40F0S1C0	214	450	697	1 084	0	4.55	0	0.91
40F05S1C0	214	450	697	1 084	39	4.55	0	1.82
40F15S1C0	214	450	697	1 084	117	4.55	0	4.55
40F1S0C0	214	454.55	697	1 084	78	0	0	2.73
40F1S05C0	214	452.28	697	1 084	78	2.28	0	2.73
40F1S2C0	214	445.45	697	1 084	78	9.1	0	2.73
40F1S0C2	214	445.45	697	1 084	78	0	9.1	2.73
40F1S1C1	214	445.45	697	1 084	78	4.55	4.55	2.73

2.4　试件设计

2.4.1　粘结试件设计

粘结试验分别采用三种试件形式:《水运工程混凝土试验检测技术规范》(JTS/T 236—2019)规定的标准粘结试件、Anders Losberg 建议的 Losberg 粘结试件,以及 RILEM 建议的梁式粘结试件,同时考虑带肋与光圆两种钢筋类型。

标准粘结试件与 Losberg 粘结试件形状较为相似,混凝土尺寸均为 150 mm × 150 mm × 150 mm,钢筋置于混凝土中心,区别在于粘结段设置的位置不同,标准粘结试件的粘结段靠近钢筋的自由端[见图 2-6(a)],而 Losberg 粘结试件的粘结段在中间位置[见图 2-6(b)]。梁式粘结为全梁式粘结,试件尺寸为 150 mm × 150 mm × 920 mm,全梁混凝土分为左右半肢对称布置,钢筋纵向贯穿混凝土左右半肢,混凝土中间隔断,左右半肢混凝土中间位置设置粘结段[见图 2-6(c)]。三种粘结试件均采用直径为 16 mm 的钢筋,粘结长

度 l_a 设计为 5 倍的钢筋直径 d_s。根据试验参数和试验目的的不同,每种粘结试件设计 3 个,合计 164 个。

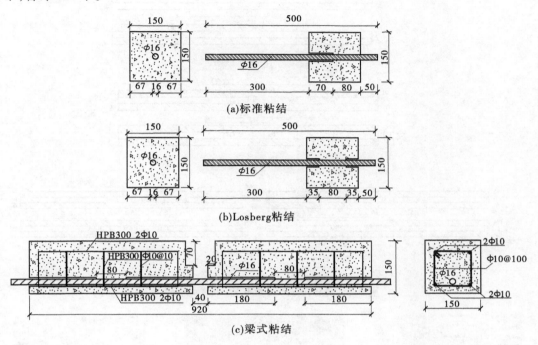

图 2-6　粘结试件设计　(单位:mm)

粘结试件的编号规则是在 2.2 节表示方式前增加 S、L、B 以便区分不同粘结试件,在其后增加 R 和 P 以便区分不同钢筋类型。其中 S 代表标准粘结试件,L 代表 Losberg 粘结试件,B 代表梁式粘结试件,R 代表带肋钢筋,P 代表光圆钢筋。

为了量测粘结段不同位置处的钢筋应变,需要在部分粘结试件的钢筋内不同位置处粘贴应变片,三种粘结试件钢筋内贴应变片的布置见图 2-7。具体操作步骤如下:先将钢筋沿纵向切割为两半,两半中心位置分别铣 2.5 mm×5 mm 的矩形凹槽,钢筋凹槽内沿粘结段等距离交错粘贴 6 个有效栅尺寸为 1 mm×2 mm 胶基应变片,用 502 胶将应变片固定后用绝缘胶封闭,待绝缘胶风干硬化后再用环氧树脂将对应的两半钢筋粘结在一起,直径为 0.45 mm 的应变片导线分别从槽孔两端引出,如图 2-8 所示。

2.4.2　正截面受弯梁设计

根据《混凝土结构设计规范》(GB 50010—2010)和《纤维混凝土结构技术规程》(CECS 38:2004)所提供的计算及设计方法,按照强剪弱弯的原则以及各参数变化为研究对象,共设计了 12 根正截面受弯梁。梁的截面尺寸为 $b \times h \times l = 150$ mm $\times$ 300 mm $\times$ 3 000 mm,截面尺寸及配筋如图 2-9 所示。梁的编号规则是在 2.2 节表示方式前增加 Be。

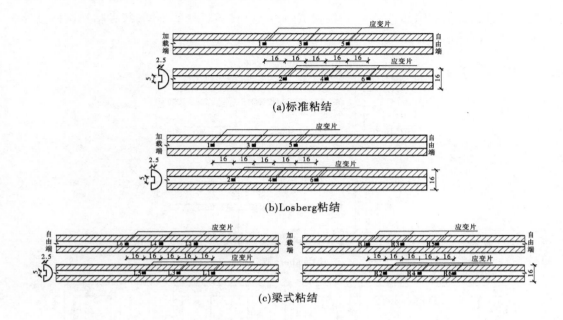

图 2-7　钢筋内贴应变片布置　（单位:mm）

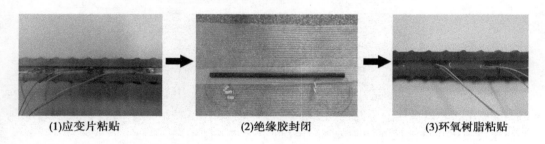

(1)应变片粘贴　　　　　(2)绝缘胶封闭　　　　　(3)环氧树脂粘贴

图 2-8　钢筋内贴应变片步骤

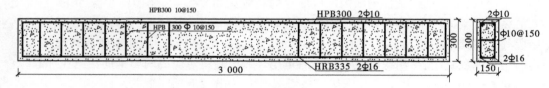

图 2-9　正截面受弯梁的截面尺寸及配筋　（单位:mm）

2.4.3　基本力学性能试件设计

　　为了测试粘结试件和梁试件中的混凝土、钢纤维纳米混凝土性能,按照《混凝土物理力学性能试验方法标准》(GB/T 50081—2019),设计了 150 mm × 150 mm × 150 mm 立方体试件用于测试与粘结试件、梁试件相应的混凝土和钢纤维纳米混凝土的抗压强度及劈拉强度,设计了 150 mm × 150 mm × 300 mm 棱柱体试件用于测试其轴心抗压强度与弹性模量。

2.5 试件浇筑及成型

2.5.1 试模准备

根据试件尺寸的不同,试件浇筑前需选用或制作相应的试模。基本力学性能试件成型可采用试验规程所规定的标准塑料试模。标准粘结与 Losberg 粘结试件采用两侧对称开孔的钢模,如图 2-10 所示,钢筋穿入试模以后,非粘结段与粘结段由套入钢筋的 PVC 管隔开,然后在钢模一侧设置辅助钢筋,将粘结钢筋与辅助钢筋用铁丝缠绕固定,防止钢筋、PVC 管和钢模三者之间相对滑动。

(a)标准粘贴   (b)Losberg粘贴

图 2-10 标准粘结与 Losberg 粘结试件试模

梁式粘结试件与受弯梁试件的试模均采用木质模板,如图 2-11 所示。试模放置在平整地面支好以后,将钢筋和钢筋笼放置试模内,保护层厚度由钢筋笼底部的混凝土垫块控制。梁式粘结试模中钢筋粘结段与非粘结段用三段 PVC 管隔开,钢筋两头与试模固定防止相对滑动。为了避免浇筑及养护过程中外露的应变片导线受潮,需用塑料袋将导线提前密封或浸胶保护。

(a)梁式粘贴   (b)受弯梁

图 2-11 梁式粘结试件与受弯梁试件试模

2.5.2 混凝土制备及养护

混凝土配量严格按照设计的配合比执行,采用强制搅拌机拌和。具体步骤如下:首先将砂石放入搅拌机中干拌,再加入水泥继续搅拌均匀,最后将钢纤维、水依次缓慢分散地加入到干料中。由于 NS 易在水中分散,可提前将 NS 置入水中搅拌分散后一同加入到干料中,而 NC 不易在水中分散,则随干料一同搅拌。充分搅拌后,将混凝土拌和料装入事先准备好的试模中。试件振实与养护方式取决于试件的尺寸和类型,见表 2-9,基本力学性能试件与相应的粘结试件、受弯梁在同一标准下养护。所有试件养护至 28 d 龄期后再进行测试。

表 2-9　试件振实与养护方式

试件类型	振实方式		养护方式	
	振动台振实	振捣棒振实	标准养护室养护	洒水覆膜养护
标准粘结试件	√		√	
Losberg 粘结试件	√		√	
梁式粘结试件		√	√	
受弯梁		√		√

2.6　测点布置及加载方案

2.6.1　粘结试件量测与加载

标准粘结试件与 Losberg 粘结试件的试验方法相同,采用上海华龙 1 000 kN 拉压万能试验机加载(见图 2-12),200 kN 荷载传感器的上端由试验机的上夹头加持,下端与反力架顶部的钢板铰连,试件加载端钢筋穿过带孔的垫板和反力架底板后由加载设备的下

图 2-12　标准粘结与 Losberg 粘结试件加载及测点布置

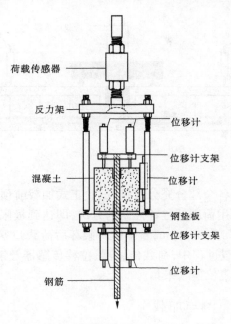

荷载传感器

反力架

位移计

位移计支架

混凝土 位移计

钢垫板

位移计支架

位移计

钢筋

续图 2-12

夹头夹持。钢筋自由端和加载端各设置 2 个位移计测量端部滑移(计算时分别取其平均值);试件侧面设置 1 个位移计测量混凝土变形,在计算加载端滑移时考虑了钢筋的伸长和混凝土的受压变形。由于钢筋自由端无约束,可直接取自由端位移计的平均值作为钢筋与混凝土的相对滑移。

梁式粘结试件采用三分点方式,由上海华龙 1 000 kN 拉压万能试验机加载(见图 2-13),中间为 240 mm 长的纯弯段,分配梁上部放置 200 kN 荷载传感器,跨中两侧各设置 1 个位移计量测跨中挠度,混凝土 2 个支座处各设置 1 个位移计量测支座沉降,两个钢筋自由端各设置 2 个位移计量测自由端钢筋与混凝土的相对滑移(计算时分别取其平均值)。

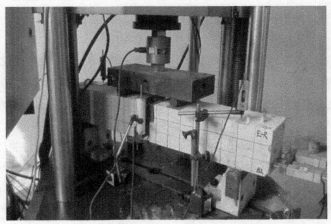

图 2-13 标准粘结与 Losberg 粘结试件加载及测点布置

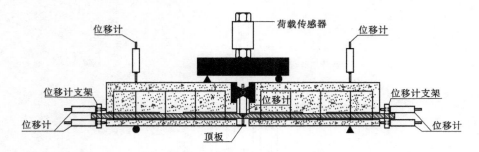

续图 2-13

为使试件与试验机的各个部分充分接触,试验正式加载前预加载至 1 kN,再卸载至 0 后开始正式加载。加载采用荷载转位移控制的方法,即达到极限荷载 80% 之前的加载速度为 0.1 kN/s,然后转至 0.3 mm/min,直至试件破坏后荷载归零或自由端滑移量达到 15 mm 时停止加载。试验加载过程中,荷载传感器、位移传感器及钢筋应变片的测值均由东华测试 DH3816 型数据采集仪连续采集。

2.6.2　正截面受弯梁量测与加载

梁正截面受弯性能试验按照《混凝土结构试验方法标准》(GB/T 50152—2012)规定的方法采用三分点方式加载,如图 2-14 所示。加载设备为济南东测生产的 10 000 kN 电液伺服仪,配有千斤顶及 600 kN 轮辐双通道荷载传感器作为辅助反力装置,如图 2-15 所示。

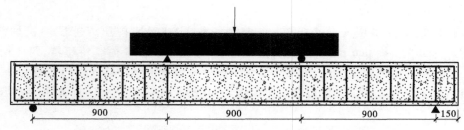

图 2-14　梁正截面受弯性能试验加载示意图　(单位:mm)

试验主要量测和观察的内容有:荷载及开裂荷载,截面挠度,支座沉降,钢筋及混凝土应变,裂缝宽度,裂缝分布和破坏形式等。因此,试验中使用到的主要测试仪器有轮辐荷载传感器、钢筋及混凝土应变片、位移计和裂缝观测仪等。其中,应变片和位移计的布置如图 2-16 所示。

在正式加载前,需预加载 2 ~ 3 次,保证试件与设备的各部分接触良好,同时检查测试仪器是否正常工作。预加载荷载值小于计算开裂荷载的 70%。预加载后,若各个环节工作正常就随即进入正式加载阶段。正式加载采用 0.5 ~ 1.0 mm/min 的加载速率分级加载,在试验梁开裂荷载前每级加载值小于极限荷载值的 5%,试验梁开裂后每级加载值一般为极限荷载值的 10% ~ 20%。待每级荷载稳定后,各个仪器的示值由东华测试 DH3816 型数据采集仪手动采集。

图 2-15 加载设备及试件加载

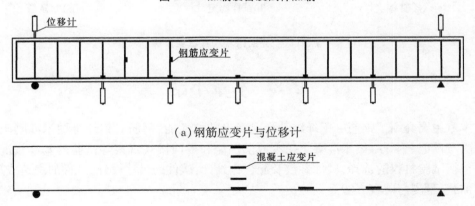

（a）钢筋应变片与位移计

（b）混凝土应变片

图 2-16 测试仪器的布置

正式加载完成后，残余荷载按照加载的级距分级卸载。卸载的同时同样采集各个测试仪器的示值。

2.6.3　基本力学性能试件量测与加载

混凝土抗压强度 f_{cu}、劈拉强度 f_{ts}、轴心抗压强度 f_c、弹性模量 E_c 等混凝土的基本力学性能按照《混凝土物理力学性能试验方法标准》（GB/T 50081—2019）所提供的测试方法加载。试验采用 3 000 kN 电液伺服试验机结合 3 000 kN 和 500 kN 的荷载传感器，试验过程中荷载和变形数据由东华测试 DH3816 型数据采集仪连续采集。

2.7　界面微观观察试验设计

待抗压强度试件测试完毕破碎以后，从试件内部获取钢纤维与基体界面较为完整的试样，试样尺寸小于 10 mm×10 mm，为保证试样与样本台充分接触，试样底部预先用砂纸磨平，然后将试样放置在喷金设备内表面喷金，以保证试件良好的导电效果，见图 2-17（a）。试件表面喷金后使用碳导电双面胶将其固定在样本台，然后使用碳导电双面胶将试样表面与样本台粘连，尽可能地避免试验过程中试样表面放电现象的发生，见图 2-17（b）。试验采用 ZEISS EVO HD15 电子扫描显微镜（SEM），将样本台装进样本仓后抽高真空，调试完毕即可进行微观观察与拍摄，见图 2-17（c）。

(a)试样喷金　　　　　　　(b)试样固定　　　　　　　(c)SEM显像

图 2-17　界面微观观察试验步骤

2.8　本章小结

本章主要介绍了钢筋－钢纤维纳米混凝土粘结性能、钢筋－钢纤维纳米混凝土梁正截面受弯性能、钢纤维纳米混凝土基本力学性能和界面微观观察等试验的基本概况。它主要包括试验材料的选择，试件参数及配合比设计，试件的尺寸设计，试件的浇筑成型，试件的加载、量测与观察方法。

参考文献

[1]　中华人民共和国国家质量监督检验检疫总局,中华人民共和国国家标准化管理委员会. 通用硅酸盐水泥:GB175—2007[S].北京:中国标准出版社,2007.

[2]　中华人民共和国国家质量监督检验检疫总局,中华人民共和国国家标准化管理委员会. 建设用卵石、碎石:GB/T 14685—2011[S].北京:中国标准出版社,2011.

[3] 中华人民共和国国家质量监督检验检疫总局,中华人民共和国标准化管理委员会.建设用砂:GB/T 14684—2011[S].北京:中国标准出版社,2011.

[4] 中华人民共和国建设部.混凝土用水标准:JGJ 63—2006[S].北京:中国建筑工业出版社,2006.

[5] 中华人民共和国国家质量监督检验检疫总局,中华人民共和国标准化管理委员会.混凝土外加剂: GB 8076—2008[S].北京:中国标准出版社,2008.

[6] 中华人民共和国国家质量监督检验检疫总局,中华人民共和国标准化管理委员会.钢筋混凝土用钢 第一部分:热轧光圆钢筋:GB 1499.1—2017[S].北京:中国标准出版社,2017.

[7] 中华人民共和国国家质量监督检验检疫总局,中华人民共和国标准化管理委员会.钢筋混凝土用钢 第二部分:热轧带肋钢筋:GB 1499.2—2018[S].北京:中国标准出版社,2018.

[8] 中华人民共和国交通运输部.水运工程混凝土试验检测技术规范:JTS/T 239—2019 [S].北京:人 民交通出版社股份有限公司,2019.

[9] Losberg A,Olsson P. Bond failure of deformed reinforcing bars based on the longitudinal splitting effect of the bars[J]. Journal Proceedings,1979,76(1):5-18.

[10] 中华人民共和国住房和城乡建设部,中华人民共和国国家质量监督检验检疫总局.混凝土结构设 计规范:GB 50010—2010[S].北京:中国建筑工业出版社,2010.

[11] 大连理工大学.纤维混凝土结构技术规程:CECS 38:2004[S].北京:中国计划出版社,2004.

[12] 中华人民共和国住房和城乡建设部,国家市场监督管理总局.混凝土物理力学性能试验方法标准: GB/T 50081—2019[S].北京:中国建筑工业出版社,2019.

[13] 中华人民共和国住房和城乡建设部,中华人民共和国国家质量监督检验检疫总局.混凝土结构试 验方法标准:GB/T 50152—2012[S].北京:中国建筑工业出版社,2012.

3　钢筋-钢纤维纳米混凝土粘结性能试验结果及分析

3.1　引　言

以往研究表明,钢纤维的加入可以提高带肋钢筋与混凝土的粘结性能,但现有文献鲜有研究纳米材料对钢筋-钢纤维混凝土粘结性能的影响。为了研究钢筋-钢纤维纳米混凝土的粘结性能,进行了钢筋-钢纤维纳米混凝土粘结试件的加载试验,分别量测了试验过程中的粘结力、加载端与自由端的滑移量。在基体强度、钢纤维体积率、纳米材料掺量、钢筋类型和试件形式等参数变化的情况下,探讨了粘结试件的破坏过程和破坏形态、粘结滑移性能和粘结强度的影响,分析了钢纤维及纳米材料的增强机制。本章的试验结果可为钢筋-钢纤维纳米混凝土的粘结机制研究提供参考。

3.2　粘结破坏过程与破坏形态

试件破坏过程与破坏形态随试验参数的变化而改变,通过实际观察可以归纳为以下三种类型的破坏。

第一种为完全劈裂破坏,这种破坏形态一般发生在未掺加钢纤维的混凝土(包括普通混凝土和纳米混凝土)与带肋钢筋的粘结试验中,常见于标准粘结试件和Losberg粘结试件,钢筋在拔出过程中一旦发生开裂,裂缝就会迅速扩展至试件表面,裂缝面两侧混凝土呈脱离状,如图 3-1(a)、(b)所示。这种破坏形式的开裂裂缝向钢筋两侧对称扩展并完全贯穿。

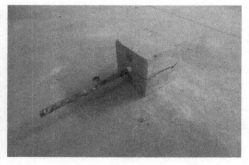

(a) S40F0S1C0R　　　　　　　　　　　(b) L40F0S1C0R

图 3-1　粘结试件典型破坏形态

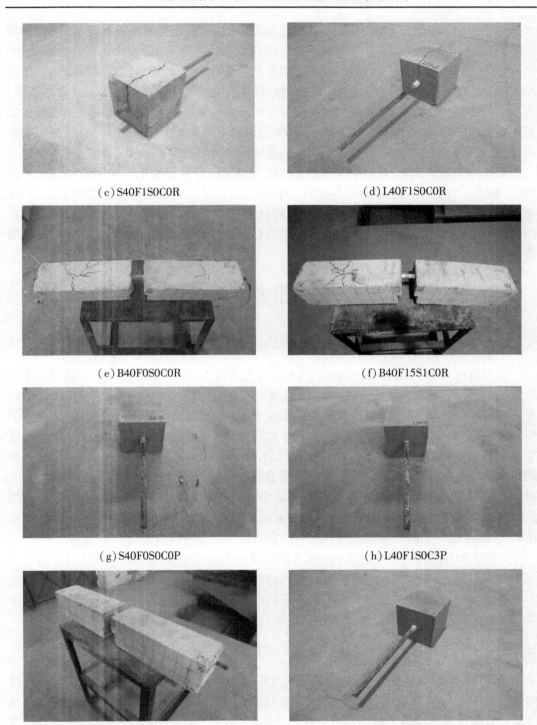

（c）S40F1S0C0R　　　　　　　　　　　　（d）L40F1S0C0R

（e）B40F0S0C0R　　　　　　　　　　　　（f）B40F15S1C0R

（g）S40F0S0C0P　　　　　　　　　　　　（h）L40F1S0C3P

（i）B40F0S0C0P　　　　　　　　　　　　（j）L40F15S1C0R

续图 3-1

　　第二种为劈裂拔出破坏,常见于钢纤维混凝土(包括钢纤维纳米混凝土)与带肋钢筋的粘结试验中,钢筋外围钢纤维混凝土在达到开裂强度后裂缝不会立即扩展,跨越裂缝间的钢纤维仍发挥桥接作用继续传递应力,因此从图 3-1(c)、(d)中可以看到标准粘结试件和 Losberg 粘结试件表面出现有 1~4 条裂缝,部分裂缝未完全贯穿。对于梁式粘结试件,不论是否掺加钢纤维,裂缝总是向保护层厚度较小的一侧呈放射状发展,较长的裂缝扩展至试件侧面,未发生裂缝完全贯穿的情况,并且可以发现钢纤维混凝土粘结试件的裂缝多而密,而未掺加或少掺加钢纤维粘结试件的裂缝少而宽[见图 3-1(e)、(f)]。

　　第三种为拔出破坏,常见于未掺加钢纤维或掺加钢纤维混凝土与光圆钢筋的粘结试验中,如图 3-1(g)~(i)所示,由于缺少肋的挤压力,只是发生胶结破坏而滑动拔出,试件表面不会产生劈裂裂缝。若钢纤维体积率较高,带肋钢筋粘结试件在拉拔过程中由于挤压产生的拉应力小于混凝土的抗拉强度,也会存在试件表面不产生劈裂裂缝只是拔出的情况,如图 3-1(j)所示。

3.3　粘结滑移曲线分析

3.3.1　基体强度等级对粘结滑移曲线的影响

　　试验测得 CF40、CF60 和 CF80 三种基体强度等级 Losberg 粘结试件的粘结滑移曲线见图 3-2。由图 3-2(a)可见,随基体强度的增大,带肋钢筋粘结试件的粘结应力—自由端滑移曲线逐渐升高,峰值粘结应力也相应地显著提高,达到峰值粘结应力以后,试件开裂明显,粘结应力逐渐下降,随后平稳发展,并且残余粘结应力也随着基体强度的增大而增大。由于 CF40 粘结试件的粘结强度相对较小,钢筋受到的拉应力也较小,尚未达到钢筋的屈服强度时钢筋被拔出,因此加载端粘结滑移有着与自由端粘结滑移相似的曲线形状。对于 CF60 和 CF80 粘结试件,粘结强度增大,钢筋所承担拉应力超过钢筋的屈服强度,因此在峰值粘结应力前加载端钢筋发生屈服并逐渐强化,尚未达到钢筋极限强度时钢筋被拔出,粘结应力—加载端滑移曲线表现为钢筋的拉伸应力—伸长曲线。

　　由图 3-2(b)可见,光圆钢筋粘结试件的粘结应力—滑移曲线也随着基体强度的增大而提高。与带肋钢筋不同的是,光圆钢筋在被拔出时未发生试件开裂的现象,峰值粘结应力前滑移较小,且较小的粘结应力不会造成钢筋屈服就被拔出,在峰值粘结应力后,由于界面摩擦的逐渐累积出现粘结应力强化现象,这种现象随着基体强度的增大而显著。

3.3.2　钢纤维体积率对粘结滑移曲线的影响

　　图 3-3 为钢纤维体积率分别为 0、0.5%、1.0% 和 1.5% 时,Losberg 粘结试件的粘结滑移曲线。由图 3-3(a)可见,钢纤维体积率为 0 时,由于缺少钢纤维的约束作用,粘结试件在发生开裂后迅速达到峰值粘结应力而随之破坏,粘结应力消失,而钢纤维粘结试件发生开裂以后,跨越裂缝两侧的钢纤维仍提供较大的约束应力,在钢筋被继续拔出的过程中,裂缝增大,钢纤维同时被拔出,粘结应力随着滑移的增大逐渐降低,因此钢纤维粘结试件具有较为完整的粘结滑移曲线,粘结应力上升段和下降段都随着钢纤维体积率的增大呈提

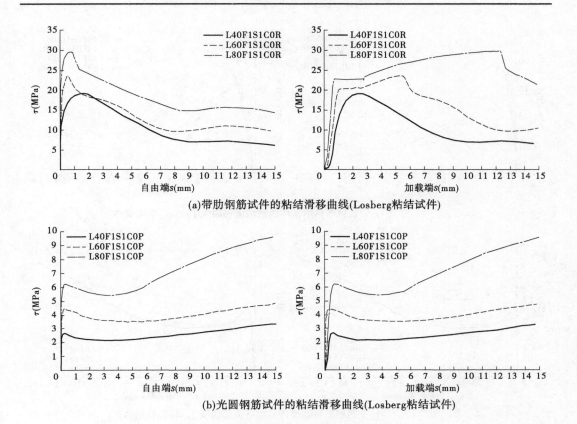

(a)带肋钢筋试件的粘结滑移曲线(Losberg粘结试件)

(b)光圆钢筋试件的粘结滑移曲线(Losberg粘结试件)

图 3-2 基体强度变化时粘结试件的粘结滑移曲线

高的趋势。由于粘结作用,钢筋所承受的拉应力尚未达到钢筋屈服强度,因此相同粘结试件的粘结应力—加载端滑移与自由端粘结滑移曲线发展趋势相同。

光圆钢筋粘结试件的粘结滑移曲线如图 3-3(b)所示。光圆钢筋在被拔出过程中不会造成周围混凝土的开裂,混凝土始终对钢筋有着一定的约束作用,因此粘结滑移曲线较为完整。但相比于带肋钢筋而言,钢纤维体积率在 1.0%以内时对粘结曲线的提高不太显著,可见光圆钢筋的粘结应力主要来自峰值粘结应力前的胶结作用、峰值粘结应力后的界面摩擦作用,同时钢纤维提供一定的约束作用,但这种约束作用相比摩擦作用效果很小。另外,由于光圆钢筋粘结应力较小,因此粘结应力对界面摩擦作用较为敏感,这种摩擦可能与界面粗糙程度有关,比如界面混凝土碎屑,养护过程中钢筋的轻微锈蚀等因素,所以峰值粘结应力后的粘结滑移曲线发展趋势具有较大的不确定性。

3.3.3 NS 和 NC 掺量对粘结滑移曲线的影响

图 3-4 为 NS 掺量分别为 0、0.5%、1.0%和 2.0%时,Losberg 粘结试件的粘结滑移曲线。由图 3-4(a)可见,所有带肋钢筋粘结试件的粘结滑移曲线都较为完整,并且曲线形状较为相似。其中,NS 掺量为 0 时粘结试件的曲线峰值粘结应力最低,NS 掺量为 0.5%、1.0%和 1.5%时粘结试件的峰值粘结应力较为接近,但 0.5%时粘结试件的粘结应力下降段明显高于 1.0%和 1.5%时粘结试件,说明有着较高的残余粘结应力。除 0.5%时粘结试

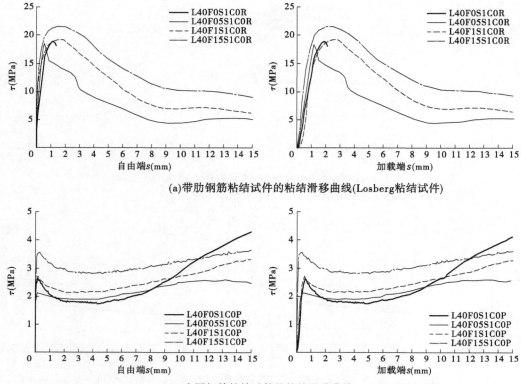

(a)带肋钢筋粘结试件的粘结滑移曲线(Losberg粘结试件)

(b)光圆钢筋粘结试件的粘结滑移曲线(Losberg粘结试件)

图3-3　钢纤维体积率变化时粘结试件的粘结滑移曲线

件的加载端粘结滑移曲线表现出钢筋的屈服状态外,其他相同粘结试件的加载端粘结滑移曲线与自由端粘结滑移曲线形状相似。

从图3-4(b)所示光圆钢筋粘结试件的粘结滑移曲线可以看出,峰值粘结应力随着NS掺量的提高而增大,但是峰值粘结应力后的下降段与强化段的规律性并不明显,相同粘结试件的加载端粘结滑移曲线与自由端粘结滑移曲线形状相似。

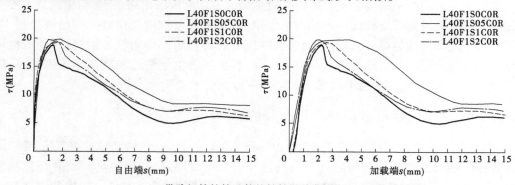

(a)带肋钢筋粘结试件的粘结滑移曲线(Losberg粘结试件)

图3-4　NS掺量变化时粘结试件的粘结滑移曲线

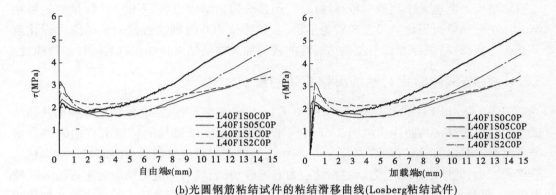

(b)光圆钢筋粘结试件的粘结滑移曲线(Losberg粘结试件)

续图 3-4

图 3-5 为 NC 掺量分别为 0、1.0%、2.0% 和 3.0% 时,Losberg 粘结试件的粘结滑移曲线。图 3-5(a)所示带肋钢筋粘结试件的粘结滑移曲线随着 NC 掺量的增大略有提高,峰值粘结应力也相应地提高。不仅如此,从曲线粘结应力上升段斜率可以判断,粘结刚度也随着 NC 掺量的提高而逐渐增大,相同粘结试件的加载端粘结滑移曲线与自由端粘结滑移曲线发展规律相似。

从图 3-5(b)所示光圆钢筋粘结试件的粘结滑移曲线可以看出,2.0% NC 粘结试件的

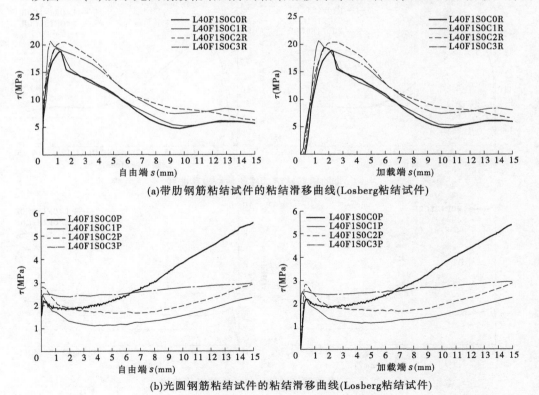

(a)带肋钢筋粘结试件的粘结滑移曲线(Losberg粘结试件)

(b)光圆钢筋粘结试件的粘结滑移曲线(Losberg粘结试件)

图 3-5　NC 掺量变化时粘结试件的粘结滑移曲线

峰值粘结应力明显大于其他三种粘结试件,但是峰值粘结应力后,不同 NC 掺量的三种粘结试件在粘结应力强化阶段表现较为平稳,不如掺量为 0 时粘结试件的粘结应力强化效果显著,同一粘结试件的自由端粘结滑移曲线与加载端粘结滑移曲线有着同样的规律性。

3.3.4　粘结试件形式对粘结滑移曲线的影响

图 3-6 以 40F1S1C0 组试件为例,列举了 Losberg 粘结试件、标准粘结试件和梁式粘结试件的粘结滑移平均曲线。由图 3-6(a)所示带肋钢筋粘结试件的粘结滑移曲线结合试验现象可以看出,在峰值粘结应力前,标准粘结试件在混凝土劈裂后自由端与加载端粘结滑移量较小,但峰值粘结应力后的粘结应力衰减较快,表现为峰值粘结应力附近的曲线较为尖锐,而 Losberg 粘结试件和梁式粘结试件在混凝土劈裂前有着较大的自由端与加载端粘结滑移量,峰值粘结应力后的粘结应力衰减较为缓慢,表现为峰值粘结应力附近的曲线过渡平缓。相比较 Losberg 粘结试件和标准粘结试件,梁式粘结试件的粘结滑移曲线下降段较高,残余粘结应力优于其他两种粘结试件。

由图 3-6(b)所示光圆钢筋粘结试件的粘结滑移曲线可以看出,除峰值粘结应力不同外,三种粘结试件的最大不同在于峰值粘结应力后的曲线发展,标准粘结试件没有粘结应力强化段,Losberg 粘结试件的粘结应力略有下降后缓慢增强,而梁式粘结试件的粘结应力在缓慢下降后显著增长,在自由端出现较大滑移后再次缓慢降低,出现二次粘结应力峰值。

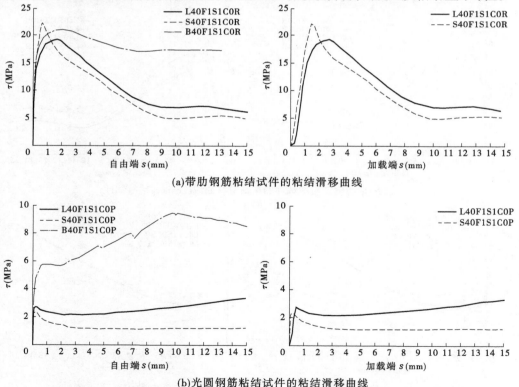

(a)带肋钢筋粘结试件的粘结滑移曲线

(b)光圆钢筋粘结试件的粘结滑移曲线

图 3-6　不同粘结试件形式的粘结滑移曲线

3.4 粘结强度计算与结果分析

3.4.1 粘结强度计算公式及试验结果

通过标准粘结试件以及 Losberg 粘结试件的拉拔试验,可以得到试件的极限拉拔力 p_{max},在已知钢筋直径 d_s 和粘结长度 l_a 的情况下,两种粘结试件的粘结强度 τ_u 可以按照《水运工程混凝土试验检测技术规范》(JTS/T 236—2019)所提供的计算方法直接计算,即

$$\tau_u = \frac{p_{max}}{\pi d_s l_a} \tag{3-1}$$

通过梁式粘结试件的三分点加载试验,试验极限荷载 F_{max} 通过分配梁传递到每个加载点的荷载为 $F_{max}/2$,梁式粘结试件为左右对称结构,左右半肢水平方向上的力大小相等、方向相反,每个支座上的竖向反力为 $F_{max}/2$。因此,可以取梁式粘结试件的一半进行受力分析,根据力和力矩平衡关系(见图 3-7),得到钢筋上的极限拉拔力 p_{max} 为

$$p_{max} = \frac{F_{max}}{2h_a}(l_2 - l_1) \tag{3-2}$$

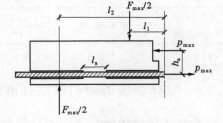

在得到 p_{max} 后,代入式(3-1)可以求得梁式粘结试件的粘结强度 τ_u。

按照式(3-1)和式(3-2)的粘结强度计算方法计算得到不同粘结试件的粘结强度 τ_u,并列于表 3-1。

图 3-7 梁式粘结试件受力分析简图

表 3-1 中同时提供了与粘结试件同条件养护立方体试块的抗压强度 f_{cu} 以及劈拉强度 f_{ts}。

表 3-1 粘结试件的粘结强度与混凝土基本力学性能结果

试件分组	编号	钢筋种类	τ_u(MPa)			f_{cu}(MPa)	f_{ts}(MPa)
			S	L	B		
基本组	40F0S0C0	R	19.04	18.08	20.15	40.34	2.27
		P	2.73	2.86	4.67		
基体强度	40F1S1C0	R	21.56	19.36	21.08	53.35	4.80
		P	2.36	2.78	5.77		
	60F1S1C0	R	—	24.94	—	65.63	5.98
		P		4.70			
	80F1S1C0	R	—	28.98	—	79.52	6.98
		P		6.23			
钢纤维体积率	40F0S1C0	R	19.46	18.31	20.55	44.81	2.31
		P	2.73	2.67	5.34		
	40F05S1C0	R	20.02	18.38	17.22	52.16	3.94
		P	2.36	2.16	5.08		
	40F15S1C0	R	23.15	21.35	25.03	57.82	6.76
		P	3.18	2.98	4.67		

续表 3-1

试件分组	编号	钢筋种类	τ_u(MPa)			f_{cu}(MPa)	f_{ts}(MPa)
			S	L	B		
NS 掺量	40F1S0C0	R	20.41	18.80	24.75	50.27	4.73
		P	2.58	2.28	5.41		
	40F1S05C0	R	20.84	19.74	24.84	52.65	5.16
		P	2.68	2.44	4.77		
	40F1S2C0	R	20.67	19.47	28.31	58.68	4.72
		P	3.33	3.27	6.75		
NC 掺量	40F1S0C1	R	—	19.42	—	51.43	4.99
		P		2.57			
	40F1S0C2	R	21.04	20.34	26.57	55.40	5.14
		P	3.76	2.88	7.43		
	40F1S0C3	R	—	20.52	—	58.50	5.39
		P	—	2.58	—		
NS 和 NC 双掺	40F1S1C1	R	21.65	19.68	25.39	57.79	4.96
		P	3.38	2.96	7.98		

注:表中字母释义见 2.2 节和 2.4 节;粘结强度结果不考虑粘结应力强化,表中只列举粘结应力强化前的粘结强度。

3.4.2 基体强度等级对粘结强度的影响

混凝土基体强度 CF40、CF60 和 CF80 变化时,Losberg 粘结试件的粘结强度见图 3-8。由图 3-8 可见,随着混凝土基体强度的提高,带肋钢筋与光圆钢筋粘结试件的粘结强度均相应地增大。CF60 带肋钢筋与光圆钢筋粘结试件的粘结强度较 CF40 粘结试件分别提高了 28.8%和 69.1%,CF80 时分别提高了 49.7%和 124.1%。可见,混凝土强度等级提高,基体密实度增大,可以提高粘结试件的粘结强度,尤其对光圆钢筋粘结试件最为显著。

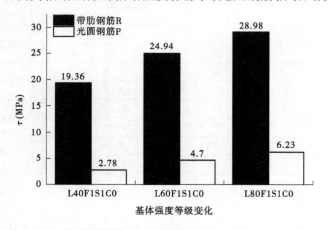

图 3-8 基体强度等级变化时粘结试件的粘结强度
(Losberg 粘结试件) (单位:MPa)

3.4.3 钢纤维体积率对粘结强度的影响

图 3-9 为钢纤维体积率为 0、0.5%、1.0% 和 1.5% 时,Losberg 粘结试件、标准粘结试件和梁式粘结试件的粘结强度。由图 3-9(a)可见,随钢纤维体积率的增大,三种带肋钢筋粘结试件的粘结强度呈增大的趋势。钢纤维体积率为 0.5% 时,Losberg 粘结试件、标准粘结试件的粘结强度较不掺加钢纤维粘结试件分别提高了 0.4% 和 2.9%,而梁式粘结试件的粘结强度减小了 16.2%;钢纤维体积率为 1.0% 时,Losberg 粘结试件、标准粘结试件和梁式粘结试件的粘结强度较不掺加钢纤维粘结试件分别提高了 5.7%、10.8% 和 2.6%;钢纤维体积率增大至 1.5% 时,三种粘结试件的粘结强度较不掺加钢纤维粘结试件分别提高了 16.6%、19.0% 和 21.8%。可见,钢纤维对带肋钢筋粘结试件的粘结强度提高主要体现在钢纤维体积率大于 1.0% 以后。另外,由于梁式粘结试件配有箍筋,而且存在弯矩和剪力的共同影响,因此其粘结强度总体上大于其他两种粘结试件,而 Losberg 粘结试件的粘结段位置较低,在拉拔过程中钢筋受到的横向约束力较小,并且受到自由端应力集中的影响较小,因此其粘结强度总体上小于标准粘结试件。

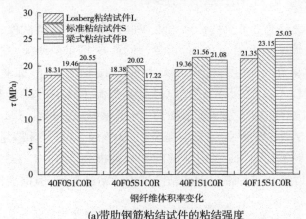

(a)带肋钢筋粘结试件的粘结强度

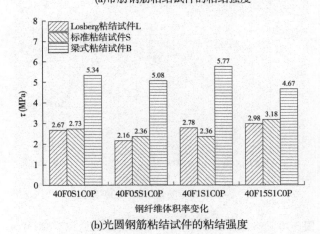

(b)光圆钢筋粘结试件的粘结强度

图 3-9 钢纤维体积率变化时粘结试件的粘结强度 (单位:MPa)

相比带肋钢筋粘结试件,钢纤维体积率增大对三种光圆钢筋粘结试件的粘结强度影响较小,见图3-9(b)。在钢纤维体积率为0.5%时,Losberg粘结试件、标准粘结试件和梁式粘结试件的粘结强度较不掺加钢纤维粘结试件甚至有所降低,分别降低了19.1%、13.6%和4.9%,可能是由于较低基体强度下,钢纤维影响了界面的密实程度;钢纤维体积率为1.0%时,标准粘结试件的粘结强度与钢纤维体积率为0.5%时的相同,Losberg粘结试件和梁式粘结试件的粘结强度较不掺加钢纤维粘结试件分别提高了4.1%和8.1%;钢纤维体积率为1.5%时,除梁式粘结试件的粘结强度较不掺加钢纤维粘结试件降低12.5%外,Losberg粘结试件和标准粘结试件的粘结强度分别提高了11.6%和16.5%。可见,由于光圆钢筋试件缺少钢筋肋的锚固,分散于混凝土基体中的钢纤维不会对钢筋形成有效约束和阻力,因此其粘结强度较带肋钢筋粘结试件提高效果有限。另外可以看到,在较小粘结强度下,光圆钢筋粘结试件受到箍筋约束以及弯矩和剪力作用影响较大,因此梁式粘结试件的粘结强度显著高于其他两种粘结试件。

3.4.4　NS和NC掺量对粘结强度的影响

图3-10为NS掺量为0、0.5%、1.0%和2.0%时,Losberg粘结试件、标准粘结试件和梁式粘结试件的粘结强度。由图3-10(a)可见,随着NS掺量的增大,三种带肋钢筋粘结试件的粘结强度略有提高。NS掺量为0.5%时,Losberg粘结试件、标准粘结试件和梁式粘结试件的粘结强度较不掺加NS的粘结试件分别提高了5.0%、2.1%和0.4%;NS掺量为1.0%时,梁式粘结试件的粘结强度较不掺加NS的粘结试件减小了14.8%,而Losberg粘结试件和标准粘结试件的粘结强度分别提高了3.0%和5.6%;NS掺量为2.0%时,三种粘结试件的粘结强度较不掺加NS的粘结试件又分别提高了3.6%、1.3%和14.4%。可见,NS掺量的增大,可以提高三种带肋钢筋粘结试件的粘结强度,但提高作用较为有限。

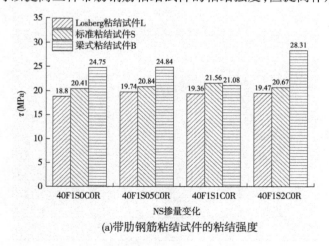

(a)带肋钢筋粘结试件的粘结强度

图3-10　NS掺量变化时粘结试件的粘结强度　(单位:MPa)

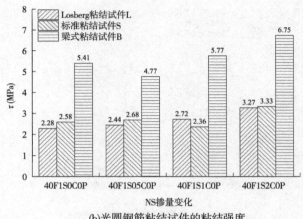

(b)光圆钢筋粘结试件的粘结强度

续图 3-10

由图 3-10(b)可见,NS 掺量的增大,对光圆钢筋粘结试件的粘结强度提高效果要好于带肋钢筋粘结试件。NS 掺量为 0.5%时,除梁式粘结试件的粘结强度降低 11.8%外,Losberg 粘结试件和标准粘结试件的粘结强度较不掺加 NS 的粘结试件分别提高了 7.0%和 3.9%;NS 掺量为 1.0%时,Losberg 粘结试件和梁式粘结试件的粘结强度较不掺加 NS 的粘结试件分别提高了 19.3%和 6.7%,而标准粘结试件的粘结强度降低了 8.5%;NS 掺量为 2.0%时,Losberg 粘结试件、标准粘结试件和梁式粘结试件的粘结强度较不掺加 NS 的粘结试件有着大幅提高,分别提高了 43.4%、29.1%和 24.8%。显然,NS 掺量较大时,可以有效提高三种光圆钢筋粘结试件的粘结强度。

图 3-11 为 NC 掺量为 0、1.0%、2.0%和 3.0%时,Losberg 粘结试件、标准粘结试件和梁式粘结试件的粘结强度。由图 3-11(a)可见,Losberg 带肋钢筋粘结试件的粘结强度随着 NC 掺量的增大而提高,NC 掺量在 1.0%、2.0%和 3.0%时的粘结强度较不掺加 NC 的粘结试件分别提高了 3.3%、8.2%和 9.1%。标准粘结试件和梁式粘结试件的粘结强度在 NC 掺量为 2.0%时,较不掺加 NC 的粘结试件分别提高了 3.1%和 7.4%。可见,随着 NC 掺量的不断增大,带肋钢筋粘结试件的粘结强度始终增长,但增长幅度较小。

与带肋钢筋粘结试件的粘结强度发展规律相同,图 3-11(b)所示的光圆钢筋粘结试件的粘结强度也是随着 NC 掺量的增大而提高。NC 掺量在 1.0%、2.0%和 3.0%时,Losberg 粘结试件的粘结强度较不掺加 NC 的粘结试件分别提高了 12.7%、26.3%和 13.2%。NC 掺量在 2.0%时,标准粘结试件和梁式粘结试件的粘结强度较不掺加 NC 的粘结试件分别提高了 45.7%和 37.3%。可见,NC 掺量的增大,对光圆钢筋粘结试件的粘结强度提高作用非常显著。

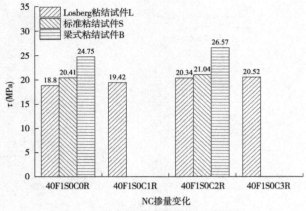

(a)带肋钢筋粘结试件的粘结强度

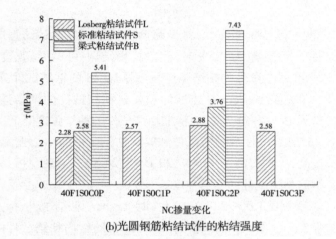

(b)光圆钢筋粘结试件的粘结强度

图 3-11   NC 掺量变化时粘结试件的粘结强度   （单位：MPa）

3.5   钢纤维及纳米材料的增强机制

3.5.1   钢纤维的增强机制

从粘结试验结果可以看出,钢纤维对带肋钢筋粘结试件的粘结强度提高效果要优于光圆钢筋粘结试件。光圆钢筋表面无凹凸,粘结力主要由胶结力与摩擦力组成。在加载初期,胶结力起主导作用,钢筋与混凝土无明显的相对滑移。由于胶结力很小,胶结力被克服以后有相对滑移产生,粘结力转由摩擦力承担。钢筋滑移至自由端后,钢筋周围混凝土裂缝几乎没有扩展,无法发挥钢纤维的阻裂作用,随着自由端滑移增大,由于摩擦力较为稳定,荷载基本保持不变或随着界面混凝土颗粒积累略有增大,最后发生钢筋被拔出的剪切破坏。

带肋钢筋改变了钢筋与混凝土间相互作用的方式,极大地提高了粘结强度,其粘结强度除由胶结力和摩擦力提供外,更主要地来自钢筋肋与混凝土间的机械咬合力以及钢纤维形成的机械锚固提供的粘结滑移的阻力,同时对周围混凝土起到了阻裂、限裂作用。根据不同受力阶段可以分为无裂缝阶段、裂缝稳定扩展阶段、裂缝失稳扩展阶段和破坏阶段,见图 3-12。

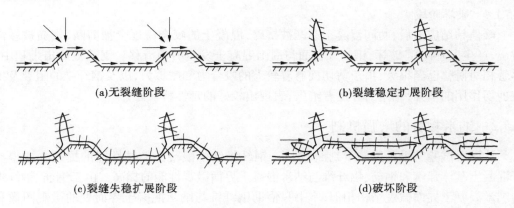

(a)无裂缝阶段   (b)裂缝稳定扩展阶段

(c)裂缝失稳扩展阶段   (d)破坏阶段

图 3-12 主要粘结受力阶段

3.5.1.1 无裂缝阶段

荷载作用初期,胶结力起主要作用,当胶结力被破坏以后钢筋开始滑移,此时钢筋与周围混凝土的摩擦力形成滑动阻力,同时钢筋肋对周围混凝土产生径向挤压而形成楔的作用使混凝土受到环向受拉的分力(见图 3-13),但环向拉应力尚未超过混凝土的抗拉强度而不会产生开裂,此阶段钢纤维起不到增强作用。

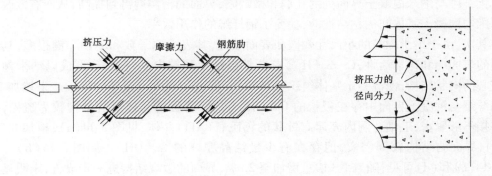

图 3-13 肋对混凝土挤压力的楔的作用

3.5.1.2 裂缝稳定扩展阶段

荷载持续作用下,混凝土内裂缝的稳定扩展使钢筋有可能沿新的滑移面产生较大的相对滑移,肋尖混凝土首先产生开裂,裂缝间钢纤维连接开裂面两侧形成约束,钢纤维的增强作用开始发挥,裂缝的稳定扩展由于钢纤维的约束作用而受到了限制。钢纤维体积率越大,混凝土开裂时的粘结应力也就越大,峰值粘结应力前的相对滑动也有所增大。

3.5.1.3 裂缝失稳扩展阶段

混凝土内裂缝失稳扩展至试件表面,钢纤维的增强作用急剧增大,加载端与自由端的相对滑移量也急剧增加,尤其自由端的滑移量增长更快,趋近于加载端的滑移量,粘结应力此时达到峰值。钢纤维的机械锚固作用提供了粘结滑移的阻力,同时钢纤维的阻裂作用延缓了劈裂裂缝的发展,粘结强度随着钢纤维体积率的增大而提高,钢纤维的约束使混凝土不会因劈裂而完全脱开。

3.5.1.4　破坏阶段

峰值粘结应力后,肋间混凝土逐渐被挤碎,混凝土的咬合齿逐个被剪断,钢筋被缓慢拔出,产生"刮犁式"破坏,钢筋外径面与周围混凝土发生剪切滑移。钢筋被拔出过程中,尽管相对滑移已经很大,由于剪切面有着较大的咬合力和摩擦力,以及钢纤维的阻裂及抵抗剪切作用的增强,粘结力并没有消失,表现出较好的延性特征。

3.5.2　纳米材料的增强机制

从以上试验结果可以初步判断,钢筋–钢纤维纳米混凝土粘结性能的提高主要得益于混凝土基体强度和钢筋、钢纤维与纳米混凝土界面微观性能的提高。由于钢筋、钢纤维与纳米混凝土界面微观结构相似,本书只借助钢纤维与纳米混凝土界面处的微观图像和化学反应来分析 NS 和 NC 的增强机制。

3.5.2.1　NS 的增强机制

首先,NS 颗粒粒径非常小,具有微骨料作用,可以发挥颗粒形貌效应来填充水泥浆体之间和材料界面间的多害孔、有害孔和一部分少害孔,增加堆积密度,减少毛细孔的数量和缩小尺寸,提高基体的密实度,从而进一步提高基体的强度。图 3-14 为未掺加和掺加NS 的钢纤维与混凝土界面处 SEM 照片,通过对比可以看出,掺加 NS 以后,一定程度上减少了钢纤维与纳米混凝土界面处的孔洞和微缺陷,界面的密实度得到提高,从而有效改善钢纤维与混凝土基体间的粘结性能,提高了钢纤维的作用效率。

其次,由于纳米颗粒的小尺寸效应和表面效应,其表面原子数和不饱和键很多,具有较高的表面能和化学活性,C—S—H 凝胶能够以纳米颗粒为晶核生长,形成以纳米颗粒为核心的网状结构,使混凝土基体组织更加致密,促进了混凝土强度的增长。未掺加 NS 的钢纤维与混凝土界面中存在板状的 $Ca(OH)_2$ 晶体,界面的总体形貌结构较为疏松,相互搭接不够紧密,毛细孔洞内充斥有针状的钙矾石(AFt)晶体,见图 3-14(a);掺加 0.5% NS 时,界面的结构较为密实,但存在有少量结晶完好的 $Ca(OH)_2$,见图 3-14(b)。由图 3-14(c)和(d)可见,随着 NS 掺量增加至 2.0%,界面的微观结构进一步改善,未明显发现 $Ca(OH)_2$ 晶体,C—S—H 凝胶在空间上相互搭接,多形成组织致密的连续相。

此外,NS 还可以与水化产物 $Ca(OH)_2$ 发生如下的化学反应:

$$SiO_2+mH_2O+nCa(OH)_2\longrightarrow nCaO\cdot SiO_2\cdot(m+n)H_2O \qquad (3-3)$$

从这一化学反应过程可以看出,水泥在水化过程中 $Ca(OH)_2$ 晶体与水和 NS 共同参与了反应,生成了 C—S—H 凝胶,进一步提高了界面的密实度和微观结构的整体性。

3.5.2.2　NC 的增强机制

NC 对钢纤维纳米混凝土微观结构的影响机制与 NS 较为相似。NC 的微骨料效应改善了水泥颗粒分布,提高了堆积密度,并分散了熟料颗粒,使其与水的接触面积增大,促进了水泥的水化。由于表面效应和晶核效应,NC 起到了 C—S—H 凝胶网络结点的作用,改

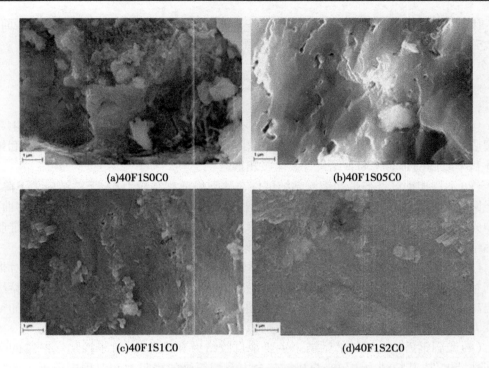

(a)40F1S0C0　　　　　　　　　(b)40F1S05C0

(c)40F1S1C0　　　　　　　　　(d)40F1S2C0

图 3-14　NS 掺量变化时钢纤维与混凝土界面处微观形貌

善了界面处的基体组织,并对 Ca^{2+} 产生物化吸附,降低 C_3S 颗粒周围的 Ca^{2+} 浓度,加速C_3S水化。图 3-15 为未掺加和掺加 NC 的钢纤维与混凝土界面处 SEM 微观照片。由图 3-15(a)可见,掺加 1.0% NC 时,C—S—H 凝胶发育良好,与图 3-14(a)未掺纳米材料相比,界面的组织结构相对致密,存在少量结晶完好的 $Ca(OH)_2$。图 3-15(b)表明,NC 掺量达到 3.0%时,界面的组织结构更加致密,C—S—H 凝胶在空间上相互搭接形成连续相,未明显发现 $Ca(OH)_2$晶体的存在。

(a)40F1S0C1　　　　　　　　　(b)40F1S0C3

图 3-15　NC 掺量变化时钢纤维与混凝土界面处微观形貌

同时,NC 参与水泥的水化反应,在钙矾石(AFt)向单硫型铝酸钙(AFm)转变的同时,生成低碳型水化碳铝酸钙($C_3A \cdot CaCO_3 \cdot H_{10\sim12}$):

$$CaCO_3+(10\sim12)H_2O+3CaO \cdot Al_2O_3 \longrightarrow C_3A \cdot CaCO_3 \cdot H_{10\sim12} \tag{3-4}$$

碳铝酸钙（$C_3A \cdot CaCO_3 \cdot H_{10\sim12}$）生长在 C—S—H 和 $Ca(OH)_2$ 等主要产物的表面，可以改善水泥基材料的强度，尤其是早期强度的提高。

3.6　本章小结

（1）粘结试件主要发生三种破坏形态。不掺加钢纤维的带肋钢筋粘结试件发生完全劈裂破坏；掺加钢纤维带肋钢筋粘结试件发生劈裂后拔出破坏；光圆钢筋粘结试件和钢纤维体积率较高的带肋钢筋粘结试件发生拔出破坏。

（2）不掺加钢纤维的带肋钢筋粘结试件在达到峰值粘结应力后，无粘结应力下降段，而光圆钢筋粘结试件和掺加钢纤维的带肋钢筋粘结试件具有较为完整的粘结滑移曲线，其中光圆钢筋粘结试件通常在峰值粘结应力后出现应力强化现象，掺加钢纤维的带肋钢筋粘结试件在峰值粘结应力后，粘结应力逐渐下降，随后平稳发展。

（3）基体强度的提高有利于粘结试件粘结强度的提高，钢纤维体积率的增大对带肋钢筋粘结试件粘结强度的提高效果显著。随着 NS 和 NC 掺量的增大，对光圆钢筋粘结强度提高的效果要好于带肋钢筋粘结试件。相同条件下，配有箍筋的梁式粘结试件的粘结强度大于标准粘结试件和 Losberg 粘结试件，Losberg 粘结试件的粘结强度最小。

（4）光圆钢筋粘结试件的粘结力主要来自胶结力和摩擦力，对于掺加钢纤维的带肋钢筋粘结试件，其粘结力主要来自机械咬合力及钢纤维的摩阻力和对周围混凝土的阻裂增强作用，其受力过程可分为无裂缝阶段、裂缝稳定扩展阶段、裂缝失稳扩展阶段和破坏阶段，钢纤维在混凝土开裂以后作用效果显著。

（5）NS 可以填充界面间的孔隙，提高基体密实度；NS 同时具有较高的表面能和化学活性，起到 C-S-H 凝胶网络结点的作用，使混凝土基体组织更加致密，促进混凝土强度的增长，另外可以与 $Ca(OH)_2$ 发生反应，生成 C—S—H 凝胶，进一步提高界面的密实度和微观结构的整体性。NC 同样可起到 C—S—H 凝胶网络结点的作用，同时吸附 Ca^{2+}，降低 C_3S 颗粒周围的 Ca^{2+} 浓度，加速 C_3S 水化，改善界面处的基体组织，也可参与水泥水化反应，生成碳铝酸钙（$C_3A \cdot CaCO_3 \cdot H_{10\sim12}$），从而提高基体强度。

参考文献

[1] Garcia-Taenguaa E, Mart-Vargasb J R, Sernab P. Bond of reinforcing bars to steel fiber reinforced concrete[J]. Construction and Building Materials, 2016, 105: 275-284.

[2] Bae B I, Choi H K, Choi C S. Bond stress between conventional reinforcement and steel fibre reinforced reactive powder concrete[J]. Construction and Building Materials, 2016, 112: 825-835.

[3] Harajli M H. Development/splice strength of reinforcing bars embedded in plain and fiber reinforced concrete[J]. ACI Structural Journal, 1994, 91(5): 511-520.

[4] Harajli M H, Mabsou M E. Evaluation of bond strength of steel reinforcing bars in plain and fiber-reinforced concrete[J]. ACI Structural Journal, 2002, 99(4): 509-517.

[5] 邓宗才, 袁常兴. 高强钢筋高强混凝土预应力梁短期刚度研究[J]. 土木工程学报, 2014, 47(3): 69-78.

[6] Dancygier A N, Katz A, Wexler U. Bond between deformed reinforcement and normal and high-strength concrete with and without fibers[J]. Materials and Structures, 2010, 43(6): 839-856.

[7] Haddad R H, Al-Saleh R J, Al-Akhras N M. Effect of elevated temperature on bond between steel reinforcement and fiber reinforced concrete[J]. Fire Safety Journal, 2008, 43(5): 334-343.

[8] Yazıcı S, Arel H S. The effect of steel fiber on the bond between concrete and deformed steel bar in SFRCs[J]. Construction and Building Materials, 2013, 40: 299-305.

[9] Harajli M, Hamad B, Karam K. Bond-slip response of reinforcing bars embedded in plain and fiber concrete[J]. Journal of Materials in Civil Engineering, 2002, 14 (6): 503-511.

[10] 中华人民共和国交通运输部. 水运工程混凝土试验检测技术规范: JTS/T 236—2019[S]. 北京: 人民交通出版社股份有限公司, 2019.

[11] 贾方方. 钢筋与活性粉末混凝土粘结性能的试验研究[D]. 北京: 北京交通大学, 2013.

[12] 高丹盈, 刘建秀. 钢纤维混凝土基本理论[M]. 北京: 科学技术文献出版社, 1994.

[13] 王德志, 孟云芳. 纳米 SiO_2 和纳米 $CaCO_3$ 增强混凝土强度的试验研究[J]. 宁夏工程技术, 2011, 10(4): 330-333.

[14] 叶青. 纳米 SiO_2 与硅粉的火山灰活性的比较[J]. 混凝土, 2001, 137(3): 19-22.

[15] Ye Qing, Zhang Zenan, Kong Deyu, et al. Influence of nano-SiO_2 addition on properties of hardened cement paste as compared with silica fume[J]. Construction and Building Materials, 2007, 21(3): 539-545.

[16] 燕兰, 邢永明. 纳米 SiO_2 对钢纤维混凝土高温后力学性能及微观结构的影响[J]. 复合材料学报, 2013, 30(3): 133-141.

[17] Pera J, Husson S, Guilhot B. Influence of finely ground limestone on cement hydration[J]. Cement and Concrete Composite, 1999, 21(2): 99-105.

[18] 黄政宇, 祖天钰. 纳米 $CaCO_3$ 对超高性能混凝土性能影响的研究[J]. 硅酸盐通报, 2013, 32(6): 1103-1109.

[19] 李固华, 高波. 纳米微粉 SiO_2 和 $CaCO_3$ 对混凝土性能影响[J]. 铁道学报, 2006, 28(1): 131-136.

4　钢筋-钢纤维纳米混凝土的粘结机制及强度计算方法

4.1　引　言

由第3章可知,钢筋与混凝土的界面粘结主要取决于胶结力、摩擦力和机械咬合力,其中带肋钢筋的粘结力主要是机械咬合力。带肋钢筋一旦与混凝土产生相对滑移,钢筋就会对周围混凝土形成径向挤压和环向受拉。当环向拉应力超过混凝土开裂强度时,钢筋外围混凝土随即产生劈裂裂缝。Tepfers最早将钢筋外围混凝土假定为全弹性状态、部分开裂弹性状态和全塑性状态三种形式,采用弹性力学厚壁圆筒原理分析钢筋与混凝土之间的粘结应力。相关研究表明,开裂后的混凝土对钢筋仍有一定的约束作用,两者之间粘结强度与基体混凝土抗拉强度之比的相对粘结强度处于全塑性状态解和部分开裂弹性状态解之间。

普通混凝土开裂后,裂缝迅速发展,开裂面的应力传递衰减较快,钢筋对混凝土裂缝发展的约束较为有限。对于将钢纤维加入到纳米混凝土形成的钢纤维纳米混凝土,钢纤维能阻碍混凝土基体内微裂缝扩展和阻滞宏观裂缝发展,即便在较大裂缝扩展下,钢纤维纳米混凝土对钢筋仍具有较高的约束能力。以往的粘结强度计算方法主要针对钢筋与普通混凝土,直接采用这些方法计算钢筋-钢纤维纳米混凝土粘结强度难以反映钢纤维纳米混凝土开裂后的变形、裂缝扩展及承载能力等。因此,本书根据钢纤维纳米混凝土的环向伸长表达式,基于弹性力学和虚拟裂缝理论,结合钢纤维纳米混凝土的开裂软化关系,提出钢筋-钢纤维纳米混凝土粘结强度的计算方法,并通过试验数据进行验证。

4.2　粘结应力分析

4.2.1　粘结机制

研究表明,在钢筋从钢纤维纳米混凝土中拔出的初期,胶结力是粘结力的主要来源。随着荷载的增大,钢筋与钢纤维纳米混凝土发生相对滑移,胶结力从加载端至自由端逐渐破坏。由于光圆钢筋与钢纤维纳米混凝土间的界面摩擦力较小,在发生相对滑移后逐渐被拔出,混凝土未有明显开裂,钢纤维起不到有效的阻裂和限裂作用。带肋钢筋在发生相对滑移后,肋的凸缘挤压周围钢纤维纳米混凝土可有效提高机械咬合力,即使钢纤维纳米混凝土在肋的挤压下发生开裂,仍能够提供与钢筋方向呈一定角度 α 的较大斜向锚固力。该斜向锚固力可分解为沿钢筋方向的阻力(粘结应力 τ)和垂直钢筋方向的压力(对钢纤维纳米混凝土产生的内胀力 p),见图4-1,二者的关系可表示为

$$\tau = \frac{p}{\tan\alpha} \tag{4-1}$$

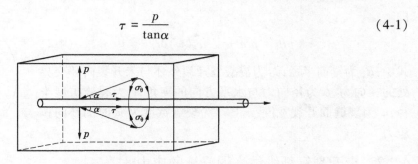

图 4-1 钢筋与钢纤维纳米混凝土的相互作用

根据弹性力学理论,图 4-1 所示的钢筋与外围钢纤维纳米混凝土的粘结可视为受压圆筒,其几何形状和受力分布对称于中心轴,且沿筒体轴向无变化。因此,可将钢筋-钢纤维纳米混凝土的粘结简化为外围无约束的二维平面轴对称问题来分析,见图 4-2。由图 4-2 可知,钢筋在荷载作用下被缓慢拔出时,内胀力 p 在径向为 r 的钢纤维纳米混凝土处产生了径向压应力 σ_r 与环向拉应力 σ_θ。在钢筋被拔出的过程中,钢纤维纳米混凝土首先在粘结面处出现微小初始裂缝,在这种微小开裂的情况下,钢纤维纳米混凝土仍具有一定的弹性特征,并且在荷载持续作用下很快达到其抗拉强度 f_t。由试验研究可知,掺有钢纤维的混凝土有着较大的裂缝开展能力,在达到其抗拉强度 f_t 前的微小裂缝可以忽略不计。因此,当 σ_θ 小于钢纤维纳米混凝土抗拉强度 f_t 时,可认为钢筋外围的钢纤维纳米混凝土只是发生了弹性变形,可看作各向同性的弹性体;当 σ_θ 达到钢纤维纳米混凝土的抗拉强度 f_t 后,沿钢筋环向分布的钢纤维纳米混凝土裂缝宽度显著增大并沿径向扩展,裂缝将钢纤维纳米混凝土划分为弹性未开裂外环和部分开裂内环(见图 4-2)。

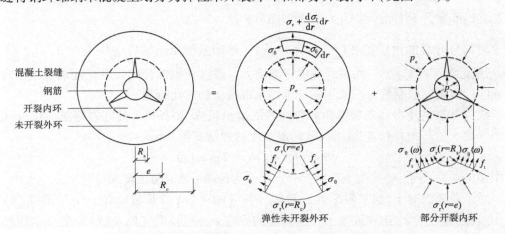

图 4-2 钢筋与钢纤维纳米混凝土粘结的平面应力分析

取图 4-2 中钢筋与钢纤维纳米混凝土圆环的一半进行受力分析,见图 4-3,根据水平方向力的平衡,得到钢筋-钢纤维纳米混凝土未开裂外环与开裂内环三者之间的受力关系为

$$\int_{-\frac{\pi}{2}}^{\frac{\pi}{2}} pR_s\cos\theta\mathrm{d}\theta = \int_{-\frac{\pi}{2}}^{\frac{\pi}{2}} p_e e\cos\theta\mathrm{d}\theta + 2\int_{R_s}^{e} \sigma_\theta(w)\,\mathrm{d}r$$

即

$$pR_s = p_e e + \int_{R_s}^{e} \sigma_\theta(w)\,\mathrm{d}r \qquad (4\text{-}2)$$

式中：R_s 为钢筋半径；p_e 为混凝土开裂外环与未开裂内环交界处的径向力；θ 为径向力与水平方向的夹角；e 为裂缝扩展半径；w 为裂缝面开裂宽度；$\sigma_\theta(w)$ 为裂缝宽度为 w 时的环向拉应力。

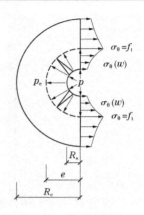

图 4-3　钢筋-钢纤维纳米混凝土受力平衡分析

4.2.2　未开裂钢纤维纳米混凝土的应力

对于尚未开裂的外层圆环（$e \leqslant r \leqslant R_c$），钢纤维纳米混凝土仍处于弹性阶段，其径向应力 σ_r 和环向拉应力 σ_θ 可分别表示为

$$\left.\begin{array}{l}
\sigma_r = \dfrac{e^2 p_e}{R_c^2 - e^2}\left(1 - \dfrac{R_c^2}{r^2}\right) \\[3mm]
\sigma_\theta = \dfrac{e^2 p_e}{R_c^2 - e^2}\left(1 + \dfrac{R_c^2}{r^2}\right)
\end{array}\right\} \qquad (4\text{-}3)$$

由于钢纤维纳米混凝土开裂内环与未开裂外环交界处（$r=e$）的环向拉应力 σ_θ 达到钢纤维纳米混凝土的抗拉强度 f_t（$\sigma_\theta = f_t$），所以 p_e 可由式（4-4）求解：

$$p_e = f_t \frac{R_c^2 - e^2}{R_c^2 + e^2} \qquad (4\text{-}4)$$

4.2.3　部分开裂钢纤维纳米混凝土的应力

对部分开裂的内层圆环（$R_s \leqslant r \leqslant e$），钢纤维纳米混凝土的环向拉应力 σ_θ 从 $r=e$ 至 $r=R_s$ 呈逐渐减小的趋势，而裂缝宽度逐渐增大。通过开裂部分的裂缝宽度沿径向 r 的分布 $w(r)$，可用虚拟裂缝方法描述钢纤维纳米混凝土的软化行为。

假设开裂内环由 n 条裂缝和裂缝间的混凝土组成，则径向 r 处的裂缝总宽度 $nw(r)$ 应为混凝土的环向伸长 δ_θ 减去裂缝间混凝土的弹性变形 $2\pi r\varepsilon_\theta$：

$$nw(r) = \delta_\theta(r) - 2\pi r\varepsilon_\theta(r) \qquad (4\text{-}5)$$

式中：$\delta_\theta(r)$ 为径向 r 处混凝土环向伸长；$\varepsilon_\theta(r)$ 为径向 r 处混凝土环向拉应变。

对于普通混凝土，通常假定其开裂部分各处的 $\delta_\theta(r)$ 与开裂边界 $r=e$ 处的 $\delta_\theta(e)$ 相等，开裂边界处的 ε_θ 达到混凝土 f_t 所对应的应变 ε_{cr}，则径向各处 $\delta_\theta(r)$ 等量分布的形式为 $\delta_\theta = 2\pi e\varepsilon_{cr}$，这种假定虽然简化了计算，但不符合环向变形的实际形式。徐峰和 Nielsen 等在此基础上提出了等效弹性环向伸长假定，即 $\delta_\theta(r) = \pi r(1 + e^2/r^2)\varepsilon_{cr}$，该假定与普通混凝土的实际环向变形较为接近，一定程度上提高了开裂计算的精度。但是，与普通混凝土相比，掺有钢纤维的纳米混凝土具有较大的变形能力和裂缝扩展能力，根据其实际环向变形及裂缝扩展形态，如图 4-4 所示，钢纤维纳米混凝土环向应变和环向伸长的计算式可取为

$$\varepsilon_\theta(r) = \frac{e^3}{r^3}\varepsilon_{cr}, \quad \delta_\theta(r) = 2\pi\frac{e^3}{r^2}\varepsilon_{cr} \tag{4-6}$$

由式(4-6)可知，当 $r=e$ 时，有 $\varepsilon_\theta = \varepsilon_{cr}$，$\delta_\theta = 2\pi e\varepsilon_{cr}$，式(4-6)满足钢纤维纳米混凝土开裂内环与未开裂外环连续变形的条件。当钢筋-钢纤维纳米混凝土界面 R_s 处的钢纤维纳米混凝土处于临界开裂状态($\sigma_\theta = f_t$)时，该处的裂缝宽度 $w(R_s) = 0$，则环向伸长 $\delta_\theta(R_s)$ 为

$$\delta_\theta(R_s) = 2\pi R_s\varepsilon_{cr} \tag{4-7}$$

随着裂缝的扩展，当界面 R_s 处的钢纤维纳米混凝土环向拉应力 $\sigma_\theta = 0$ 时，裂缝间的钢纤维纳米混凝土不再有弹性约束变形，此时的环向伸长 $\delta_\theta(R_s)$ 为

$$\delta_\theta(R_s) = nw_u \tag{4-8}$$

式中：w_u 为界面 R_s 处钢纤维纳米混凝土环向拉应力 $\sigma_\theta = 0$ 时的裂缝宽度。

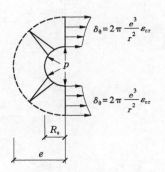

图 4-4　钢纤维纳米混凝土开裂内环的环向伸长分布

根据式(4-7)和式(4-8)界面处最小和最大环向伸长的边界条件，$w(R_s)$ 可通过线性内插得到(见图 4-5)，即

$$w(R_s) = \frac{2\pi R_s\varepsilon_{cr}\left(\frac{e^3}{R_s^3}-1\right)}{nw_u - 2\pi R_s\varepsilon_{cr}}w_u \tag{4-9}$$

若将钢纤维纳米混凝土开裂面简化为三角形(见图 4-6)，则 $r=e$ 处的裂缝宽度 $w(e)=0$，沿裂缝深度任意 r 处的 $w(r)$ 可通过开裂面几何关系得到：

$$w(r) = w(R_s)\frac{e-r}{e-R_s} \tag{4-10}$$

将式(4-9)代入式(4-10)后，可简化为

$$w(r) = K(e^2 + eR_s + R_s^2)(e-r) \tag{4-11}$$

其中，$K = \dfrac{w_u}{R_s^3\left(\dfrac{nw_u}{2\pi R_s\varepsilon_{cr}}-1\right)}$。

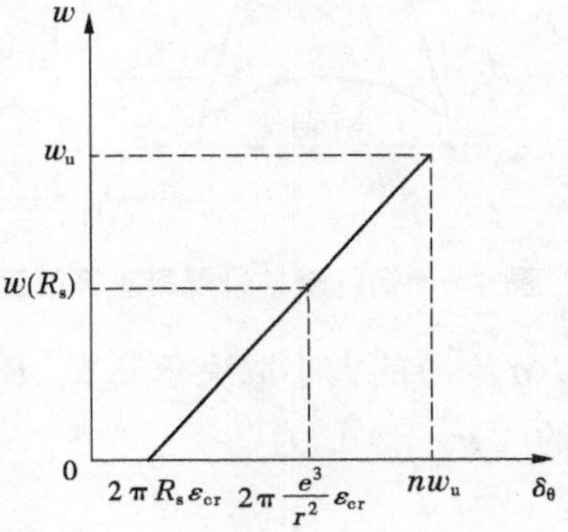

图 4-5　钢筋-钢纤维纳米混凝土界面处裂缝宽度—环向伸长曲线

钢纤维纳米混凝土进入软化阶段后，由于钢纤维的锚固作用，钢纤维从混凝土基体被缓慢拔出过程中产生二次荷载峰值。因此，图 4-2 中钢纤维纳米混凝土开裂面上的环向拉应力与裂缝宽度之间的关系 $\sigma_\theta(w)$ 可用钢纤维混凝土开裂软化的三折线模型近似表示：

$$\sigma_\theta(w) = \begin{cases} \dfrac{\sigma_1 - f_t}{w_1}w(r) + f_t & (0 \leq w \leq w_1) \\ \dfrac{\sigma_2 - \sigma_1}{w_2 - w_1}[w(r) - w_2] + \sigma_2 & (w_1 < w \leq w_2) \\ -k[w(r) - w_2] + \sigma_2 & (w_2 < w \leq w_u) \end{cases} \tag{4-12}$$

式(4-12)中的 σ_1、σ_2、w_1、w_2、w_u 和第二下降段斜率 k 见图 4-7，其中 w_1、w_2、w_u 所对应

的半径 R_1、R_2、R_u 以及 w_u 可由式(4-13)得到：

$$\left.\begin{array}{l} R_1 = e - \dfrac{w_1}{K(e^2 + eR_s + R_s^2)} \\[4mm] R_2 = e - \dfrac{w_2}{K(e^2 + eR_s + R_s^2)} \\[4mm] R_u = e - \dfrac{w_u}{K(e^2 + eR_s + R_s^2)} \\[4mm] w_u = w_2 + \dfrac{\sigma_2}{k} \end{array}\right\} \quad (4\text{-}13)$$

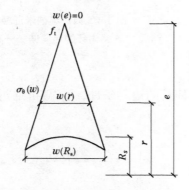

图 4-6 钢纤维纳米混凝土开裂面形状

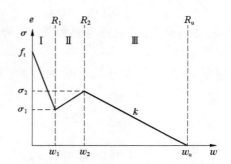

图 4-7 钢纤维纳米混凝土的三折线开裂软化模型

$\sigma_\theta(w)$ 的大小取决于 e、R_1、R_2 和 R_u 的相对位置,根据式(4-12)和图 4-7,则式(4-2)中的 $\int_{R_s}^{e} \sigma_\theta(w)\mathrm{d}r$ 为

$$\int_{R_s}^{e} \sigma_\theta(w)\mathrm{d}r = (e - R_s)\left[\frac{K(\sigma_1 - f_t)(e^3 - R_s^3)}{2w_1} + f_t\right] \quad (R_1 \leqslant R_s < e) \quad (4\text{-}14)$$

$$\int_{R_s}^{e} \sigma_\theta(w)\mathrm{d}r = \int_{R_s}^{R_1} \sigma_\theta(w)\mathrm{d}r + \int_{R_1}^{e} \sigma_\theta(w)\mathrm{d}r \quad (R_2 \leqslant R_s < R_1) \quad (4\text{-}15)$$

$$\int_{R_s}^{e} \sigma_\theta(w)\mathrm{d}r = \int_{R_s}^{R_2} \sigma_\theta(w)\mathrm{d}r + \int_{R_2}^{R_1} \sigma_\theta(w)\mathrm{d}r + \int_{R_1}^{e} \sigma_\theta(w)\mathrm{d}r \quad (R_u \leqslant R_s < R_2)$$

$$(4\text{-}16)$$

将式(4-13)中的 R_1 代入式(4-15)后,得到各分项的表达式为

$$\int_{R_s}^{R_1} \sigma_\theta(w) = \left[e - \frac{w_1}{K(e^2 + eR_s + R_s^2)} - R_s\right]\left\{\frac{\sigma_2 - \sigma_1}{2(w_2 - w_1)}\left[K(e^3 - R_s^3) + w_1 - 2w_2\right] + \sigma_2\right\}$$

$$\int_{R_1}^{e} \sigma_\theta(w)\mathrm{d}r = \frac{w_1}{2K(e^2 + eR_s + R_s^2)}(\sigma_1 + f_t)$$

将式(4-13)中的 R_1 和 R_2 代入式(4-16)后,得到各分项的表达式为

$$\int_{R_s}^{R_2} \sigma_\theta(w)\mathrm{d}r = \left[e - \frac{w_2}{K(e^2 + eR_s + R_s^2)} - R_s\right]\left\{\frac{k}{2}\left[w_2 - K(e^3 - R_s^3)\right] + \sigma_2\right\}$$

$$\int_{R_2}^{R_1} \sigma_\theta(w)\,\mathrm{d}r = \frac{w_2 - w_1}{2K(e^2 + eR_s + R_s^2)}(\sigma_1 + \sigma_2)$$

4.3 粘结强度计算方法

为求解式(4-2)中内胀力 p 最大时所对应的开裂长度 e，令 $\dfrac{\mathrm{d}p}{\mathrm{d}e}=0$，即

$$\frac{\mathrm{d}p}{\mathrm{d}e} = \frac{f_t}{R_s}\frac{R_c^4 - 4R_c^2 e^2 - e^4}{(R_c^2 + e^2)^2} + \frac{1}{R_s}\Big[\int_{R_s}^{e}\sigma(w)\,\mathrm{d}r\Big]' = 0 \tag{4-17}$$

将式(4-14)~式(4-16)代入式(4-17)得到 e，然后将 e 代入式(4-2)即可求得 p 的最大值 $p_{\max}$。最后，由式(4-1)得到钢筋-钢纤维纳米混凝土粘结强度 τ_u，即

$$\tau_u = \frac{p_{\max}}{\tan\alpha} \tag{4-18}$$

已有研究表明，带肋钢筋与基体的摩擦系数 $\tan\alpha$ 基本为一确定值，接近破坏时可近似认为 α 为 $45°$。在 $\tau_u = p_{\max}$ 的情况下，由式(4-2)得到钢筋-钢纤维纳米混凝土的粘结强度 τ_u：

$$\tau_u = p_{\max} = \frac{1}{R_s}\Big[p_e e + \int_{R_s}^{e}\sigma_\theta(w)\,\mathrm{d}r\Big] \tag{4-19}$$

基于 Tepfers 的假定，当 $e = R_s$ 时，钢筋外围混凝土处于全弹性状态，界面 R_s 处的 $\sigma_\theta = f_t$，如图 4-8(a) 所示，则粘结强度 τ_u 可由式(4-3)得到：

$$\tau_u = p_{\max} = f_t\frac{R_c^2 - R_s^2}{R_c^2 + R_s^2} \tag{4-20}$$

在 $R_s \leqslant r \leqslant R_c$ 范围内，假定任意 r 处的 $\sigma_\theta = f_t$，则钢筋外围混凝土处于全塑性状态，如图 4-8(b) 所示，根据水平方向的受力平衡有

$$2(R_c - R_s)f_t = \int_{-\frac{\pi}{2}}^{\frac{\pi}{2}} p_{\max} R_s\cos\theta\mathrm{d}\theta \tag{4-21}$$

则粘结强度 τ_u 为

$$\tau_u = p_{\max} = f_t\frac{R_c - R_s}{R_c} \tag{4-22}$$

当钢筋与混凝土界面 R_s 处的环向拉应力 $\sigma_\theta \geqslant f_t$ 时，$\sigma_\theta = f_t$ 的位置随着裂缝不断向外扩展，在裂缝扩展半径达到 e 时，假定钢筋外围混凝土发生部分开裂后，开裂部分不再承担荷载，未开裂部分仍处于弹性状态，如图 4-8(c) 所示，根据水平方向的受力平衡有

$$\int_{-\frac{\pi}{2}}^{\frac{\pi}{2}} p_e e\cos\theta\mathrm{d}\theta = \int_{-\frac{\pi}{2}}^{\frac{\pi}{2}} pR_s\cos\theta\mathrm{d}\theta$$

即

$$\tau = p = p_e\frac{e}{R_s} = f_t\frac{e}{R_s}\frac{R_c^2 - e^2}{R_c^2 + e^2} \tag{4-23}$$

根据式(4-23)，当 $e = 0.486R_c$ 时，p 有最大值 $p_{\max}$，则粘结强度 τ_u 为

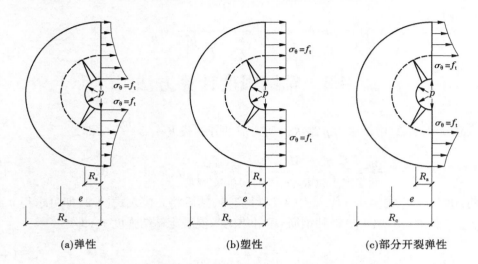

(a)弹性　　　　　　　　　(b)塑性　　　　　　　　(c)部分开裂弹性

图 4-8　钢筋外围混凝土的环向应力分布假定

$$\tau_u = p_{max} = 0.3 f_t \frac{R_c}{R_s} \tag{4-24}$$

4.4　粘结强度的影响因素

为了验证计算方法的正确性,采用本书试验结果和相关文献试验结果进行验证。由于纳米材料掺量的变化对钢纤维混凝土的抗拉强度 f_t 影响较小,纳米材料的掺加仅体现在对钢纤维作用效率的提高,因此纳米材料掺量的变化在粘结强度计算时可不予单独考虑,则钢纤维纳米混凝土 $\sigma—w$ 软化曲线中 σ_1、σ_2、w_1、w_2 和第二下降段斜率 k 由文献[6-9]试验数据结合本书试验数据分析得到,各参数取值见表 4-1。表 4-1 中的虚拟裂缝数量 n 暂且按试验中粘结试件表面观察到的平均裂缝数量取值。

表 4-1　钢纤维纳米混凝土参数取值

编号	ρ_f (%)	f_t (MPa)	σ_1 (MPa)	σ_2 (MPa)	w_1 (mm)	w_2 (mm)	k	n
SF05	0.5	3.24	1.647	2.062	0.200	0.565	0.91	3
SF10	1.0	3.57	1.802	2.196	0.192	0.543	1.00	1
SF15	1.5	4.51	2.192	2.466	0.101	0.574	0.87	2

下面通过式(4-19)、式(4-20)、式(4-22)和式(4-24)计算结果与试验结果的对比,验证提出的钢筋－钢纤维纳米混凝土粘结强度计算方法,重点分析保护层厚度、裂缝数量和钢筋直径对粘结强度的影响。

4.4.1　保护层厚度的影响

为便于比较不同试件粘结强度 τ_u 与保护层厚度 c 的关系,本书采用相对粘结强度

τ_u/f_t 和相对保护层厚度 c/d_s,其中:

$$\left.\begin{array}{r}c = R_c - R_s \\ d_s = 2R_s\end{array}\right\} \tag{4-25}$$

式中:d_s 为钢筋直径。

根据式(4-19)钢筋-钢纤维纳米混凝土粘结强度的计算结果,可得到 τ_u/f_t 与 c/d_s 的关系,见图 4-9。由图 4-9 可见,钢纤维体积率 ρ_f 分别为 0.5%、1.0% 和 1.5% 的理论计算曲线介于式(4-22)全塑性状态解之间和式(4-24)部分开裂弹性状态解之间,τ_u/f_t 随着 c/d_s 增大呈现出非线性增大的趋势,与文献[3]中钢筋与普通混凝土粘结强度计算结果较为接近。图 4-9 同时给出了本书及文献[13-19]钢筋-钢纤维混凝土和钢纤维纳米混凝土粘结强度的试验结果($\rho_f = 0.5\% \sim 1.5\%$),可见计算结果与试验结果较为接近,说明本书提出的计算方法可用来预测钢筋-钢纤维混凝土或钢纤维纳米混凝土的粘结强度。

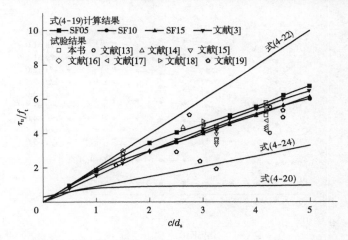

注:文献中未提供 f_t,只提供劈拉强度 f_{ts} 时,按照 $f_t = 0.9(1 - 0.27\lambda_f)f_{ts}$ 近似换算,
其中 λ_f 为钢纤维含量特征值;只提供抗压强度 f_{cu} 时,按照 $f_t = \xi f_{cu}$ 进行换算,
在 $\rho_f = 0.5\% \sim 1.5\%$ 范围内 ξ 可取 0.075 ~ 0.117

图 4-9 相对粘结强度 τ_u/f_t 和相对保护层厚度 c/d_s 的关系

4.4.2 裂缝数量的影响

为了便于比较裂缝数量 n 对粘结强度的影响,按照式(4-19)计算不同 n 的相对粘结强度 τ_u/f_t,见图 4-10。由图 4-10 可以看出,当 n 从 1 到 8,τ_u/f_t 相应增大,这是由于 δ_θ 一定的情况下,n 的增多导致裂缝面上平均 w 的减小,使 $\sigma_\theta(w)$ 增大,有利于 τ_u 的提高,但提高的幅度取决于 c/d_s 的变化。当 c/d_s 为 0.5 时,SF05、SF10 和 SF15 试件的 τ_u/f_t 增幅最小,分别为 3.46%、3.60% 和 5.95%;当 c/d_s 为 2.0 ~ 2.5 时,τ_u/f_t 增幅最大,分别为 27.96%、29.52% 和 28.68%,随后增幅逐渐降低,在 c/d_s 达到 5.0 时,增幅分别为 18.33%、19.33% 和 13.97%。另外,从图 4-10 中也可以观察到,当 n 在 5 以内时,n 的增多对 τ_u/f_t 的提高最为显著,n 大于 5 时对 τ_u/f_t 的影响相对较小。因此,锚固计算时要选择适当的裂缝数量。

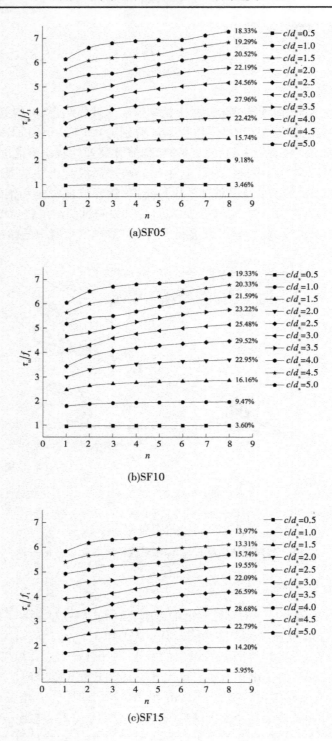

(a)SF05

(b)SF10

(c)SF15

图 4-10　裂缝数量 n 对相对粘结强度 τ_u/f_t 的影响

4.4.3 钢筋直径的影响

选取实际工程中较为常用的钢筋直径 $d_s = 6 \sim 50$ mm 作为对比,按照式(4-19)计算不同钢筋直径 d_s 所对应的相对粘结强度 τ_u / f_t,见图 4-11。由图 4-11 可以看出,d_s 从 6 mm 至 50 mm 逐渐增大,τ_u / f_t 逐步降低,降低幅度随着 c/d_s 的提高而增大。SF05、SF10 和 SF15 试件的 τ_u / f_t 在 $c/d_s = 0.5$ 时降幅仅为 2.31%、2.41% 和 4.08%,在 $c/d_s = 2.5 \sim 3.0$ 时降幅达到最大,分别为 22.26%、22.97% 和 22.88%,随后在 $c/d_s = 5.0$ 时降幅为 17.27%、18.02% 和 13.46%。显然,当 d_s 小于 32 mm 时,d_s 的增大对 τ_u / f_t 的降低最为显著。因此,在满足锚固设计要求的情况下,应尽量采用较小直径的钢筋来保证较高的锚固强度。

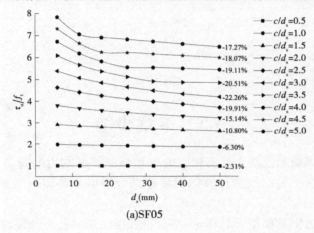

(a)SF05

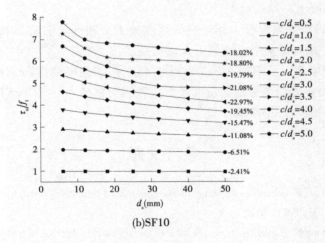

(b)SF10

图 4-11 钢筋直径 d_s 对相对粘结强度 τ_u / f_t 的影响

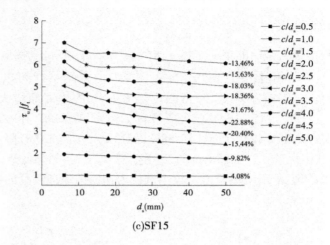

(c)SF15

续图 4-11

4.5　本章小结

（1）根据钢纤维纳米混凝土具有较大变形和裂缝扩展能力的特点，提出了可用于钢筋-钢纤维纳米混凝土粘结强度计算的钢纤维纳米混凝土环向应变和环向伸长的表达式。

（2）基于弹性力学和虚拟裂缝理论，结合钢纤维纳米混凝土开裂软化模型，提出了钢筋-钢纤维纳米混凝土粘结强度的计算方法。

（3）钢筋-钢纤维纳米混凝土相对粘结强度处于全塑性状态解与部分开裂弹性状态解之间，并且随着相对保护层厚度的增大而提高。

（4）裂缝数量增多以及钢筋直径的减小有利于粘结强度的提高，对于较大相对保护层厚度的试件尤为显著。当裂缝数量大于 5 或者钢筋直径大于 32 mm 时，裂缝数量和钢筋直径对相对粘结强度的影响较小。

参考文献

［1］Tepfers R. Cracking of concrete cover along anchored deformed reinforcing bars［J］. Magazine of Concrete Research, 1979, 31(106): 3-12.

［2］Nielsen C V, BićanićN. Radial fictitious cracking of thick-wall cylinder due to bar pull-out［J］. Magazine of Concrete Research, 2002, 54(3): 215-221.

［3］Wang X, Liu X. A strain-softening model for steel-concrete bond［J］. Cement and Concrete Research, 2003, 33(10): 1669-1673.

［4］Esfahani M R, Rangan B V. Local bond strength of reinforcing bars in normal strength and high-strength concrete (HSC)［J］. ACI Structural Journal, 1998, 95(2): 96-106.

［5］徐芝纶.弹性力学［M］.4 版. 北京:高等教育出版社, 2006.

［6］陈升平.反分析法确定钢纤维水泥砂浆拉应力与裂缝张开位移关系[J].工程力学,2008,25(4):165-170.

［7］Meskenas A, Kaklauskas G, Daniunas A, et al. Determination of the stress-crack opening relationship of SFRC by an inverse analysis[J]. Mechanics of Composite Materials, 2014, 49(6): 685-690.

［8］José Luiz Antunes de Oliveira e Sousa, Gettu R. Determining the tensile stress-crack opening curve of concrete by inverse analysis[J]. Journal of Engineering Mechanics, 2006, 132(2): 141-148.

［9］Soetens T, Matthys S. Different methods to model the post-cracking behaviour of hooked-end steel fibre reinforced concrete[J]. Construction and Building Materials, 2014, 73: 458-471.

［10］Reinhardt H W, Van Der Veen C. Splitting failure of a strain softening material due to bond stresses [C]// A. Carpinteri (Ed.), Application of Fracture Mechanics to Reinforced Concrete, Elsevier, Amsterdam, The Netherlands, 1992: 333-346.

［11］徐峰.复杂应力状态下钢筋与混凝土的粘结性能[D].大连:大连理工大学,2012.

［12］陈刚.钢纤维纳米 SiO_2 混凝土强度的试验研究[J].河北工业大学学报,2014,43(6):77-80.

［13］Dancygier A N, Katz A, Wexler U. Bond between deformed reinforcement and normal and high-strength concrete with and without fibers[J]. Materials and Structures, 2010, 43(6): 839-856.

［14］章文纲,程铁生.钢纤维混凝土与钢筋粘结锚固性能的研究[J].工业建筑,1989,19(10):9-14.

［15］谢丽.钢纤维高强混凝土弯曲与粘结性能的试验研究[D].郑州:郑州大学,2003.

［16］Bae B I, Choi H K, Choi C S. Bond stress between conventional reinforcement and steel fibre reinforced reactive powder concrete[J]. Construction and Building Materials, 2016, 112: 825-835.

［17］贾方方.钢筋与活性粉末混凝土粘结性能的试验研究[D].北京:北京交通大学,2013.

［18］李杰,高向玲,艾晓秋.纤维增韧混凝土与钢筋的粘结性能研究[J].建筑结构学报,2004,25(2):99-103.

［19］Garcia-Taenguaa E, Martí-Vargasb J R, Sernab P. Bond of reinforcing bars to steel fiber reinforced concrete[J]. Construction and Building Materials Construction and Building Materials, 2016, 105: 275-284.

［20］韩嵘,赵顺波,曲福来.钢纤维混凝土抗拉性能试验研究[J]. 土木工程学报,2006,39(11):63-68.

［21］李琛.钢纤维纳米混凝土与钢筋粘结滑移本构关系[D].郑州:郑州大学,2015.

5　钢筋－钢纤维纳米混凝土
粘结滑移关系模型

5.1　引　言

由第 3 章研究内容可知,将钢纤维均匀分散于混凝土中,钢纤维对混凝土起到增强、增韧、限裂和阻裂作用的同时,钢筋与钢纤维混凝土的粘结性能也得到了较大的提高。这种提高作用源于两个方面:一方面钢筋周围混凝土中的钢纤维抑制了粘结滑移过程中劈裂裂缝的过早产生与发展;另一方面钢筋肋与肋间钢纤维形成的机械锚固提供了粘结滑移的阻力。

材料间的粘结体现了结构或构件中材料间的协同性能,可由两者之间粘结应力—滑移本构关系来表示,不同材料之间的粘结应力—滑移本构关系是存在差异的。国内外学者对钢筋与普通混凝土的粘结性能已进行了大量的研究,提出了相应的粘结应力—滑移关系模型;钢筋与钢纤维混凝土粘结性能的研究也取得了一定的进展,提出的粘结应力—滑移本构关系往往是平均粘结应力与端部滑移关系的简单描述,对粘结段某一点的粘结应力与滑移的研究较少。Mains 采用钢筋内预埋应变片测定粘结长度上的应力分布,认为不同粘结位置上的粘结应力是不相同的;徐有邻、张伟平等和金伟良等也采用同样的测试方法研究了锈蚀钢筋与混凝土的粘结应力分布,结果表明,锈蚀钢筋与混凝土的粘结应力分布更加趋于均匀,并建立了考虑锈蚀程度和粘结位置影响的粘结应力—滑移本构关系。本书同样采用沿钢筋纵向开槽,槽内均布粘贴应变片的局部粘结试验,由局部粘结段的应变差推求粘结长度上不同点的粘结应力与粘结滑移,研究钢筋－钢纤维纳米混凝土粘结应力与粘结滑移分布的规律,建立适合钢筋－钢纤维纳米混凝土粘结特点的粘结应力—滑移关系模型。

5.2　粘结应力和粘结滑移分布

按照设计粘结区段的拉拔试件(见图 2-6)和在有效粘结区段长度 l_a 内测试钢筋应变的方法(见图 2-7), n 个等距布置的应变片将整个有效粘结区段分为 $n-1$ 个等长度 Δl 的局部粘结段,则第 i 个局部粘结段的粘结应力如图 5-1 所示。假设每个局部粘结段的粘结应力平均分布,则第 i 个局部粘结段的平均粘结应力 $\bar{\tau}_i$ 为

$$(\sigma_{s,i} - \sigma_{s,i+1})A_s = \pi d_s \Delta l\, \bar{\tau}_i \tag{5-1}$$

即

$$\bar{\tau}_i = \frac{(\sigma_{s,i} - \sigma_{s,i+1})d_s}{4\Delta l} = \frac{(\varepsilon_{s,i} - \varepsilon_{s,i+1})E_s d_s}{4\Delta l} \quad (i = 1, 2, \cdots, n-1) \tag{5-2}$$

式中：$\sigma_{s,i}$、$\sigma_{s,i+1}$ 分别为两个相邻测点的钢筋应力；$\varepsilon_{s,i}$、$\varepsilon_{s,i+1}$ 分别为两个相邻测点的钢筋应变；d_s、A_s 和 E_s 分别为钢筋的直径、截面面积和弹性模量。

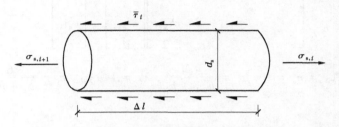

图 5-1　第 i 个局部粘结段的应力分布

在某一级荷载作用下，将试验已知参数和所测得的钢筋应变片测值代入式(5-2)，可求出两相邻测点间界面的平均粘结应力；连接各测点间平均粘结应力或测点处的粘结应力，按照粘结应力在粘结端部为零的边界条件，并且满足光滑、连续特性的要求，可建立粘结应力分布函数。

5.2.1　粘结应力的分布函数

若以加载端为原点，沿钢筋的有效粘结区段长度 l_a 方向为横轴，粘结应力沿横轴的分布可表示为一个或多个峰值的光滑连续曲线。根据已知点的粘结应力值建立合理的插值函数可反映实际粘结应力的分布，而多个函数相连是解决曲线满足光滑且连续的必要条件。根据钢筋－钢纤维纳米混凝土粘结应力分布曲线起伏较大的特点，选取三次多项式作为粘结应力分布函数 $\tau(x)$，即 $\tau(x)$ 在两相邻位置区间 $[x_i, x_{i+1}]$（ $i = 1, 2, \cdots, n - 1$ ）上的平均粘结应力 $\bar{\tau}_i$、$\bar{\tau}_{i+1}$ 是 x_i 的三次多项式，x_i 所对应的平均粘结应力为 $\bar{\tau}_i$ 通过的连接点 $[x_i, \tau(x_i)]$，各函数在连接点上的二阶导数连续。

假定三次多项式 $\tau(x)$ 的二阶导数值 $\tau''(x_i) = M_i$，则 $\tau''(x)$ 是区间上的线性函数，即

$$\tau''(x) = M_i \frac{x - x_{i+1}}{- h_i} + M_{i+1} \frac{x - x_i}{h_i} \tag{5-3}$$

式中，$h_i = x_{i+1} - x_i$。

已知区间 $[x_i, x_{i+1}]$ 的两个边界条件 $\tau(x_i) = \bar{\tau}_i$、$\tau(x_{i+1}) = \bar{\tau}_{i+1}$，则式(5-3)积分后得到 $\tau(x)$ 的函数表达式为

$$\tau(x) = M_i \frac{(x - x_{i+1})^3}{- 6h_i} + M_{i+1} \frac{(x - x_i)^3}{h_i} + \left(\frac{M_i h_i^2}{6} - \bar{\tau}_i \right) \frac{x - x_{i+1}}{h_i} + \left(\bar{\tau}_{i+1} - \frac{M_{i+1} h_i^2}{6} \right) \frac{x - x_i}{h_i}$$

$$\tag{5-4}$$

由于粘结区段两端的粘结应力 $\tau_0 = \tau_n = 0$，再利用 $\tau(x)$ 二阶导数连续的条件，即 x_i 处一阶导数相等和端点二阶导数 $\tau''(x_0) = M_0 = 0$、$\tau''(x_n) = M_n = 0$ 的边界条件，可建立如下方程组：

$$\begin{bmatrix} 2 & \lambda_0 & & & & \\ \mu_1 & 2 & \lambda_1 & & & \\ & \ddots & \ddots & \ddots & & \\ & & \mu_{n-1} & 2 & \lambda_{n-1} \\ & & & \mu_n & 2 \end{bmatrix} \begin{bmatrix} M_0 \\ M_1 \\ \vdots \\ M_{n-1} \\ M_n \end{bmatrix} = \begin{bmatrix} c_0 \\ c_1 \\ \vdots \\ c_{n-1} \\ c_n \end{bmatrix} \qquad (5\text{-}5)$$

式中，$\mu_n = \lambda_0 = c_0 = c_n = 0$，$\mu_i = \dfrac{h_{i-1}}{h_{i-1} + h_i}$，$\lambda_i = 1 - \mu_i$，$c_i = \dfrac{6}{h_i + h_{i-1}}(\dfrac{\bar{\tau}_{i+1} - \bar{\tau}_i}{h_i} - \dfrac{\bar{\tau}_i - \bar{\tau}_{i-1}}{h_{i-1}})$。

式(5-5)的系数矩阵为严格的对角占优，具有唯一的解。可利用追赶法求解系数 $M_i(i = 0, 1, \cdots, n)$ 后代入式(5-4)，得到每个局部粘结区段粘结应力分布曲线的解析函数。

5.2.2　粘结应力沿粘结区段的分布

在某级荷载作用下，按上述方法获得每个局部粘结段的粘结应力分布函数后，将这些函数所对应的曲线相连，得到该级荷载作用下整个粘结区段的粘结应力分布。粘结应力分布曲线 $\tau(x)$ 与坐标轴 x 所包络的闭合区域面积就是钢筋加载端的外力 p，即

$$p = \pi d_s \int_{x_0}^{x_n} \tau(x)\,\mathrm{d}x \qquad (5\text{-}6)$$

理论上，式(5-6)的计算值与试验所测得拉拔力相等。但由于试验误差等，两者之间仍可能存在差异，其差值可根据各局部粘结应力的权重进行分配，直到式(5-6)成立。

根据本书钢筋应变的实测结果，由式(5-4)计算得到的每组试件在各级荷载作用下平均粘结应力沿粘结区段的分布见图5-2。可见，粘结应力与粘结区段的位置有关，距离加载端较近区域的粘结应力较大，总体呈现向自由端减小的趋势。在加载初期，粘结应力分布对荷载的增加较为敏感，粘结应力分布曲线波动较大；随着荷载的增大，粘结应力极值逐渐稳定在某一位置，粘结应力分布曲线的形状不再有明显变化，仅是 $\tau(x)$ 与坐标轴 x 所包络的闭合区域面积逐渐增大。当基体强度为 C40 时，掺入 1.0% 钢纤维后，距加载端 20～30 mm 处的粘结应力极值[图5-2(a)]前移至 0～20 mm 处[见图5-2(b)]，距加载端 60～80 mm 处的粘结应力极值降低并向加载端方向靠拢，这是由于钢筋周围混凝土中乱向分布钢纤维起到了有效的应力传递作用，在较小的粘结长度上集中了混凝土与钢筋间的界面应力，同时靠近加载端处的粘结应力极值也相应降低，并分布至粘结位置的中间区域[见图5-2(b)]，这可能与该组试件钢筋附近的钢纤维不均匀分布有关。但随着钢纤维体积率增大至 1.5%，靠近加载端处 70 kN 时的粘结应力峰值从 36 MPa 提高至 45 MPa 左右[见图5-2(b)、图5-2(e)～(g)]，靠近自由端处 70 kN 时的粘结应力峰值从 22 MPa 降低至 7 MPa 左右，中部粘结应力分布更加饱满。当基体强度接近 CF80 时，近加载端处的粘结应力增大，近自由端处的粘结应力降至 10 MPa 以下[见图5-2(d)]，说明随混凝土基体密实度的增大，基体强度相应增大，使钢筋、钢纤维与纳米混凝土的界面过渡区得到改善，有利于界面应力传递效率的提高，提高了粘结锚固力。

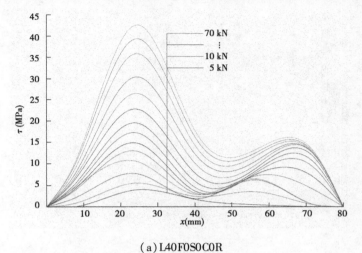

(a) L40F0S0C0R

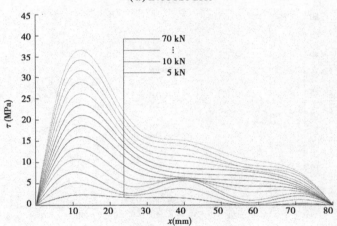

(b) L40F1S1C0R

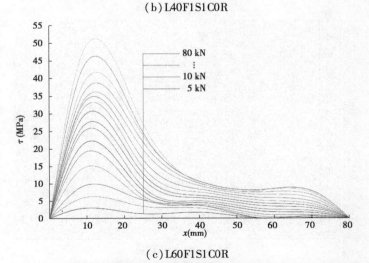

(c) L60F1S1C0R

图 5-2　各级荷载作用下平均粘结应力沿粘结区段的分布

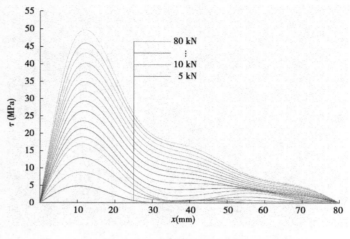

(d) L80F1S1C0R

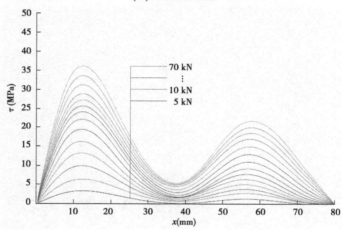

(e) L40F0S1C0R

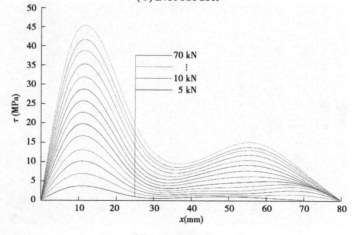

(f) L40F05S1C0R

续图 5-2

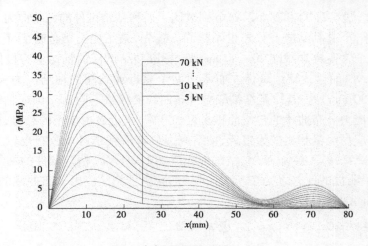

（g）L40F15S1C0R

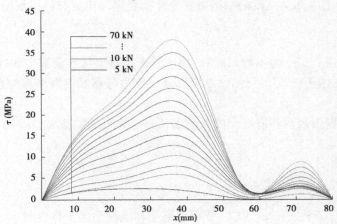

（h）S40F0S0C0R

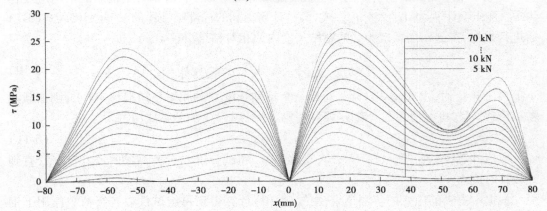

（i）B40F0S0C0R

续图5-2

　　图 5-2(a)、图 5-2(h)和图 5-2(i)分别对比了三种粘结试件的粘结应力分布情况。可见,粘结形式不同,其粘结应力分布也不相同。首先,粘结应力极值位置不同,Losberg 试件粘结应力极值在距离加载端 20～30 mm 处,标准粘结试件的粘结应力极值在距离加载端 30～40 mm 处,而梁式粘结试件左右半边两个靠近加载端的粘结应力极值在 10～20 mm(－10～－20 mm)处;其次是粘结应力分布曲线的形状不同,Lorsberg 粘结试件和标准粘结试件粘结应力分布曲线的包络面积呈近加载端大、近自由端小的趋势,而梁式粘结试件的两个粘结应力峰值相对较为接近,粘结应力分布沿粘结区段分布也较为均匀。比较图 5-2(a)和图 5-2(e)不掺加 NS 粘结试件和掺加 1.0% NS 粘结试件的粘结应力分布曲线,可以看到最明显的改善之处在于 NS 的掺加减少了粘结应力分布曲线的波动,另外使粘结应力极值向加载端移动。

5.2.3　粘结滑移沿粘结区段的分布

　　钢筋与混凝土局部粘结段的粘结滑移变化率是钢筋应变与外围混凝土应变之差,即

$$\frac{\mathrm{d}s}{\mathrm{d}x} = \varepsilon_{\mathrm{s}} - \gamma_{\mathrm{c}}\varepsilon_{\mathrm{c}} \qquad (5\text{-}7)$$

式中:ε_{s} 为钢筋应变;γ_{c} 为不均匀系数,用于修正混凝土从界面至表面的不均匀变形;ε_{c} 为钢筋外围混凝土应变,可由局部粘结段混凝土应力与钢筋应力平衡关系求得,即

$$A_{\mathrm{s}}\mathrm{d}\sigma_{\mathrm{s}} + A_{\mathrm{c}}\mathrm{d}\sigma_{\mathrm{c}} = 0 \qquad (5\text{-}8)$$

式中:A_{s}、A_{c} 分别为钢筋和混凝土的截面面积;σ_{s} 为钢筋的应力;σ_{c} 为钢筋外围混凝土的应力。

　　由式(5-8)得

$$\varepsilon_{\mathrm{c}} = -\alpha_{\mathrm{A}}\mu_{\mathrm{E}}\varepsilon_{\mathrm{s}} \qquad (5\text{-}9)$$

式中:$\alpha_{\mathrm{A}} = \dfrac{A_{\mathrm{s}}}{A_{\mathrm{c}}}$;$\mu_{\mathrm{E}} = \dfrac{E_{\mathrm{s}}}{E_{\mathrm{c}}}$,$E_{\mathrm{s}}$ 和 E_{c} 分别为钢筋和混凝土的弹性模量。

　　由于本书中测试钢筋应变的应变片非连续布置,取两个相邻测点钢筋的平均应变作为 ε_{s},测点间距视为 $\mathrm{d}x$。将 ε_{s} 和式(5-9)计算得到的局部粘结段的 ε_{c} 分别代入式(5-7)后进行累加,得到距加载端为 x 的粘结长度内的相对粘结滑移 $s(x)$,即

$$s(x) = \sum_{0}^{x}\int_{i}^{i+1}\varepsilon_{\mathrm{s}}(1 + \gamma_{\mathrm{c}}\alpha_{\mathrm{A}}\mu_{\mathrm{E}})\mathrm{d}x \qquad (5\text{-}10)$$

　　当 $x = l_{\mathrm{a}}$ 时,由式(5-10)计算得到整个粘结长度 l_{a} 的相对粘结滑移 $s(l_{\mathrm{a}})$,则加载端粘结滑移 s_{L} 与自由端粘结滑移 s_{F} 及相对粘结滑移 $s(l_{\mathrm{a}})$ 的关系式为

$$s_{\mathrm{L}} = s_{\mathrm{F}} + s(l_{\mathrm{a}}) \qquad (5\text{-}11)$$

　　数值计算时,若式(5-11)不满足,可能与 γ_{c} 和试验误差有关,需进行相应调整,直到式(5-11)成立。

　　根据本书钢筋应变的实测结果,由式(5-10)计算得到每组试件在各级荷载作用下钢筋－钢纤维纳米混凝土相对粘结滑移的平均值沿整个粘结区段的分布见图 5-3。可见,相对粘结滑移在粘结长度范围内不是均匀分布的,从加载端至自由端的相对粘结滑移呈非线性减小。当基体强度为 CF40、钢纤维体积率为 1.0% 时,在荷载等级小于 15 kN 的情

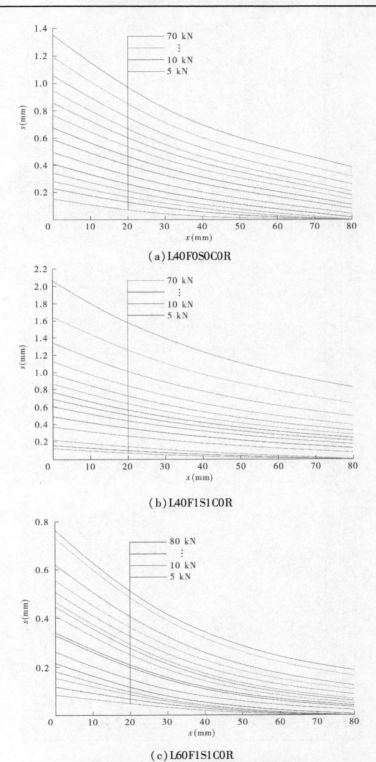

（a）L40F0S0C0R

（b）L40F1S1C0R

（c）L60F1S1C0R

图 5-3　各级荷载作用下平均粘结滑移沿粘结区段的分布

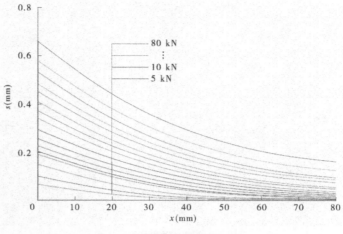

(d) L80F1S1C0R

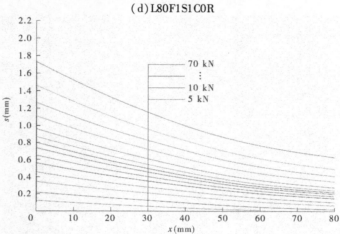

(e) L40F0S1C0R

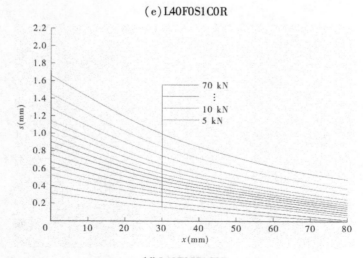

(f) L40F05S1C0R

续图 5-3

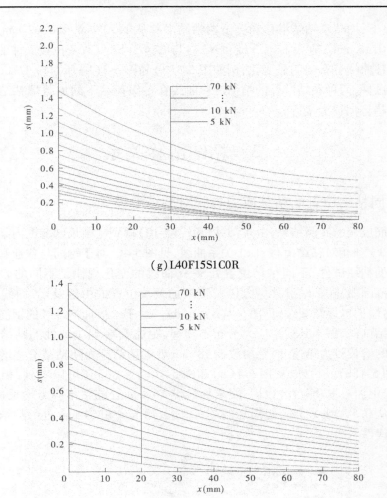

(g)L40F15S1C0R

(h)S40F0S0C0R

续图 5-3

况下,普通混凝土试件的加载端粘结滑移比钢纤维混凝土试件大,但自由端粘结滑移较小,均在 0.1 mm 以下;随荷载逐步提高,加载端粘结滑移增大,自由端粘结滑移也逐渐增加,例如荷载达到 70 kN 时,钢纤维纳米混凝土试件加载端和自由端的粘结滑移分别达到了 2.06 mm 和 0.82 mm,而普通混凝土试件加载端和自由端的粘结滑移仅为 1.35 mm 和 0.39 mm,见图 5-3(a)、(b),说明在较低的混凝土基体强度下,由于混凝土基体密实度较低,以及成型过程中振捣不实等,在拉拔过程中存在钢筋与钢纤维纳米混凝土相对粘结滑移较大的情况。当基体强度达到 CF60 和 CF80 时,纳米混凝土基体本身及与钢筋间界面过渡区结构致密,同时钢纤维提供了有效的粘结滑移阻力,使加载端和自由端粘结滑移减小至 0.8 mm 和 0.3 mm 以下,见图 5-3(c)、(d)。

对比不掺加钢纤维的粘结试件,如图 5-3(a)和图 5-3(e)所示,当混凝土中加入 1.0% NS 后,除了较低荷载等级下,加载端和自由端粘结滑移并没有相应的减小,反而略有提高。但随着钢纤维体积率从 0 提高至 1.5%,如图 5-3(b)和图 5-3(e)~(g)所示,在 70

kN 荷载等级下,加载端粘结滑移和自由端粘结滑移从 1.73 mm 和 0.62 mm 分别减小到 1.48 mm 和 0.46 mm。在没有钢纤维和 NS 参与的情况下,仅改变拉拔试件的类型并不会导致粘结滑移曲线分布的明显变化,例如图 5-3(a)和图 5-3(h)所对应 Losberg 粘结试件和标准粘结试件,两种粘结试件的粘结滑移曲线在各级荷载下的加载端粘结滑移与自由端粘结滑移趋势都较为接近。

5.3　粘结滑移关系

5.3.1　不同粘结位置的粘结应力与相对粘结滑移关系

　　根据钢筋应变的实测结果,由式(5-4)和式(5-10)得到粘结长度范围内某一位置处的粘结应力 $\tau(x)$ 和相对粘结滑移 $s(x)$ 关系曲线,见图 5-4。对于钢筋与普通和高强钢纤维纳米混凝土的粘结试件,不同粘结位置处 τ—s 曲线的变化规律是不同的。距离加载端 16~64 mm 范围内,随粘结滑移增大以及距离加载端位置的由近及远,曲线斜率逐渐减小,粘结应力增长也逐渐减缓,见图 5-4(b)~(d)。对于未掺加钢纤维的钢筋与普通强度混凝土的粘结试件,由于其粘结应力分布不规律,距加载端 64 mm 处的粘结应力在粘结滑移较小时的增长较为迅速,而距加载端 48 mm 处的粘结应力随粘结滑移增大的发展最为缓慢,见图 5-4(a)。另外,从图 5-4(b)和图 5-4(e)~(g)还可以看到,相同基体强度下,在混凝土中加入 1.0% NS 以后,距离加载端 16 mm 处的粘结应力增长速度最快,钢纤维体积率从 0.5% 到 1.5%,距离加载端 32 mm、48 mm 和 64 mm 处的粘结应力增长速度无明显规律性。

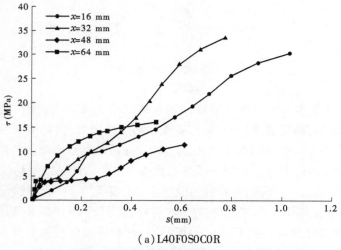

(a) L40F0S0C0R

图 5-4　不同粘结位置处的 τ—s 曲线

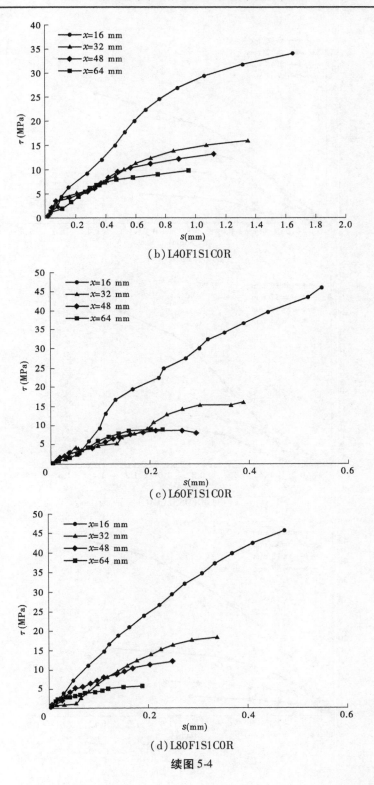

(b) L40F1S1C0R

(c) L60F1S1C0R

(d) L80F1S1C0R

续图 5-4

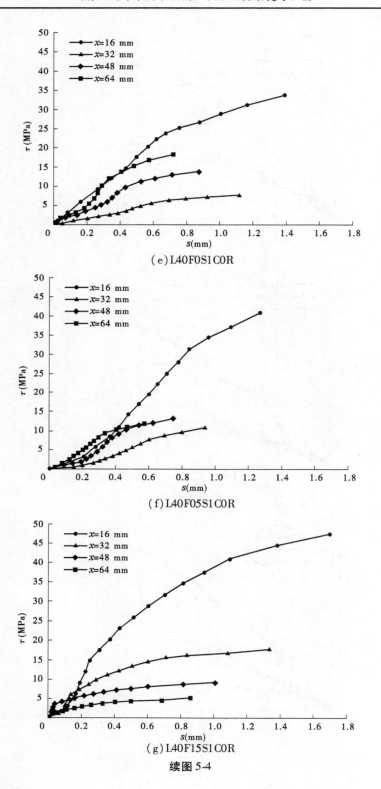

（e）L40F0S1C0R

（f）L40F05S1C0R

（g）L40F15S1C0R

续图 5-4

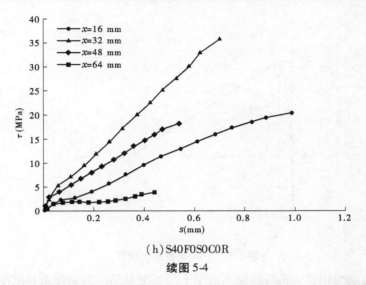

（h）S40F0S0C0R

续图 5-4

图 5-4(h)为标准粘结试件的粘结应力 $\tau(x)$ 和相对粘结滑移 $s(x)$ 关系曲线,相比图 5-4(a)所示的 Losberg 粘结试件,距离加载端 32 mm 处的粘结应力增长速度始终最快,其次是 48 mm、16 mm 和 64 mm 处的粘结应力,规律性显著,曲线也较 Lorberg 粘结试件更趋于线性。

5.3.2 粘结滑移关系模型

由式(5-4)和式(5-10)得到的粘结应力 $\tau(x)$ 和相对粘结滑移 $s(x)$ 反映了粘结长度范围内某一位置的粘结应力与相对粘结滑移的变化规律。在实际工程中为了便于应用,通常根据粘结长度范围内平均粘结应力 $\tau = p_{max}/\pi d_s l_a$ 与自由端粘结滑移 s 实测的结果,结合各变化因素的考虑,通过统计的方法建立粘结应力与粘结滑移(τ—s)的关系模型。

通过对 Losberg 粘结试件的粘结试验,粘结长度范围内的钢筋与混凝土 τ—s 关系曲线见第 3 章的图 3-2 ~ 图 3-6。从这些 τ—s 曲线可以看出,对于钢筋与普通混凝土粘结试件,在达到极限粘结应力后,试件迅速破坏,承载力丧失;而钢筋与钢纤维混凝土粘结试件具有较为完整的 τ—s 曲线,主要原因在于钢筋与钢纤维混凝土粘结试件达到极限粘结应力劈裂后,横跨裂缝两端钢纤维的阻裂增强作用增大,这种阻裂作用随着钢纤维体积率的增大而提高,即便在较大的滑移下,钢纤维混凝土仍对钢筋提供了有效的握裹力,使 τ—s 曲线在极限粘结应力后有较长的粘结滑移段。随着基体强度的逐渐增大,钢纤维作用效率得到提高,延缓了劈裂后裂缝的扩展,极限粘结应力 τ_u 和残余粘结应力 τ_f 都随着混凝土基体强度的增大而提高。

根据试验结果,钢筋-钢纤维纳米混凝土 τ—s 关系模型可简化为上升段、下降段和残余段的三折线,见图 5-5,其表达式为

$$\begin{cases} \tau = \tau_u \left(\dfrac{s}{s_u} \right)^{\alpha} & (s \leq s_u) \\ \tau = \tau_u - (\tau_u - \tau_f) \dfrac{s - s_u}{s_f - s_u} & (s_u < s \leq s_f) \\ \tau = \tau_f & (s > s_f) \end{cases} \quad (5\text{-}12)$$

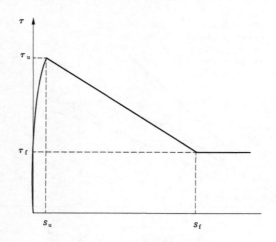

图 5-5　τ—s 关系简化模型

式中：τ_u、τ_f 分别为钢筋 – 钢纤维纳米混凝土的极限粘结应力和残余粘结应力；s_u、s_f 分别为 τ_u 和 τ_f 所对应的粘结滑移；α 为待定参数。

根据本书和文献[4,13-15]的钢筋 – 钢纤维混凝土或钢纤维纳米混凝土试验结果（见图 5-6），ρ_f 在 0 ~ 2.0% 的范围内，式(5-12)中的极限粘结应力 τ_u 与基体立方体劈拉强度 $f_{ts,f}$ 的关系式为

$$\tau_u = 3.97 f_{ts,f} \tag{5-13}$$

$$f_{ts,f} = f_{ts,0}(1 + \alpha_t \lambda_f) \tag{5-14}$$

式中：$f_{ts,0}$ 为基体立方体劈拉强度；λ_f 为钢纤维特征参数，$\lambda_f = \rho_f(l_f/d_f)$；$\alpha_t$ 为钢纤维对基体劈拉强度的影响系数，与钢纤维类型和纳米材料影响下的作用效率有关。

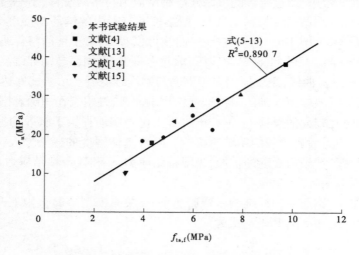

图 5-6　极限粘结应力 τ_u 与劈拉强度 $f_{ts,f}$ 的关系

由于本书试验的混凝土中掺有 NS，钢纤维作用效率显著提高。根据对本书和文献[4,13-14,16]中相关试验结果的统计分析，当 $\rho_f = 0 \sim 2.0\%$，对未掺加和掺加 NS 的钢

筋与钢纤维混凝土试件分别取 α_t 为 0.43 ~ 1.32 和 1.74 ~ 1.95。

根据图 5-7 的试验结果，ρ_f 在 0 ~ 2.0% 的范围内，式(5-12)中的钢筋与钢纤维混凝土

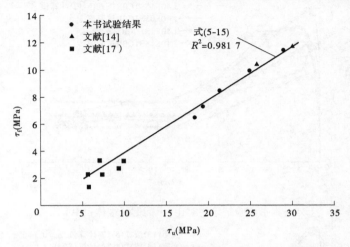

图 5-7　残余粘结应力 τ_f 与极限粘结应力 τ_u 的关系

和钢纤维纳米混凝土残余粘结应力 τ_f 与极限粘结应力 τ_u 近似线性相关，即

$$\tau_f = 0.39\tau_u \tag{5-15}$$

通过对本书 12 个钢筋与普通混凝土以及钢筋－钢纤维纳米混凝土 Losberg 粘结试件 τ—s 试验曲线规律性的统计分析，在式(5-12)中，可取 $s_u = 0.49$ mm，$s_f = c_0$（肋间距），$\alpha = 0.25$。

由式(5-12)计算得到的曲线与本书试验平均曲线及文献[13-14]试验曲线的对比见图 5-8。可见，式(5-12)模型能够较好地反映钢筋－钢纤维混凝土或钢纤维纳米混凝土粘结试件的受力过程。

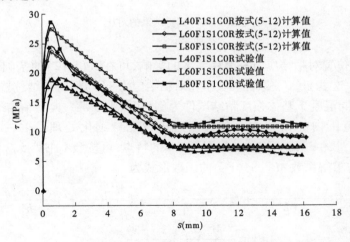

（a）与本书试验结果的对比（不同混凝土基体强度）

图 5-8　τ—s 滑移关系模型验证

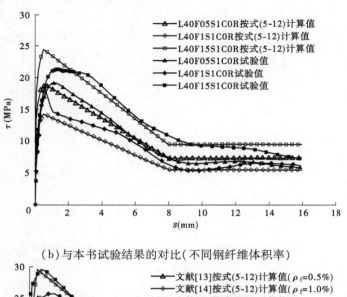

（b）与本书试验结果的对比（不同钢纤维体积率）

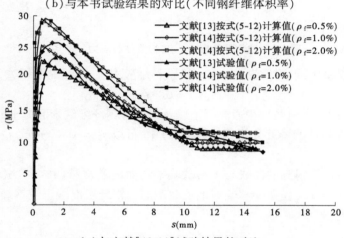

（c）与文献［13-14］试验结果的对比

续图 5-8

　　为了反映粘结位置对粘结应力—滑移关系的影响，可在式（5-12）的基础上乘以粘结位置函数 $\tau'(x')$。这里 $\tau'(x')$ 综合反映了相对粘结应力 τ' 与相对粘结位置 x' 的关系，以图 5-4 中三个不同混凝土基体强度粘结试件为例，在图中取某一典型粘结滑移值 s，将所对应粘结长度范围内的粘结应力分布图形进行无量纲化处理［$x' \to x/l_a$，$\tau' \to \tau(s)/\tau$］后得到 x' 处的 τ'，见图 5-9。根据图 5-9 的特点，可按照本书第 5.2.1 节的方法建立 $\tau'(x')$ 函数并求解系数 M'_i。$\tau'(x')$ 的函数形式为

$$\tau'(x') = M'_i \frac{(x' - x'_{i+1})^3}{-6h'_i} + M'_{i+1} \frac{(x' - x'_i)^3}{h'_i} + \left(\frac{M'_i h'^2_i}{6} - \tau'_i \right) \frac{x' - x'_{i+1}}{h'_i} +$$

$$\left(\tau'_{i+1} - \frac{M'_{i+1} h'^2_i}{6} \right) \frac{x' - x'_i}{h'_i} \tag{5-16}$$

式中，$h'_i = x'_{i+1} - x'_i$。

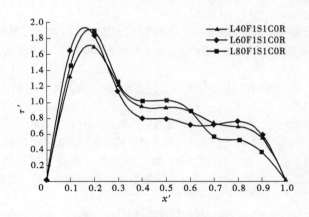

图 5-9　位置函数 $\tau'(x')$ 曲线

5.4　本章小结

（1）提出的以三次多项式表达的粘结应力分布函数适合钢筋－钢纤维纳米混凝土粘结的特点，较好地反映了各级荷载作用下钢筋－钢纤维纳米混凝土粘结应力沿粘结区段的分布。

（2）加入混凝土的钢纤维和纳米材料改变了钢筋与混凝土粘结应力的分布。随着基体强度、钢纤维体积率的增大以及纳米材料的掺加，粘结试件加载端的粘结应力极值前移，近自由端区域的粘结应力极值向加载端靠拢。

（3）基体强度和钢纤维体积率的增大有利于锚固效率的提高，减小了钢筋－钢纤维纳米混凝土试件加载端与自由端的粘结滑移。

（4）钢纤维体积率在 0～2.0% 范围内，建立的钢筋－钢纤维纳米混凝土粘结应力与滑移关系可为工程应用提供参考。

参考文献

[1] 高丹盈，刘建秀. 钢纤维混凝土基本理论[M]. 北京：科学技术文献出版社，1994.

[2] Ezeldin A, Balaguru P. Bond behavior of normal and high strength fibre reinforced concrete[J]. ACI Materials Journal, 1989, 86(5): 515-524.

[3] Harajli M H, Hout M A, Jalkh W. Local bond stress-slip behavior of reinforced bars embedded in plain and fibre concrete[J]. ACI Materials Journal, 1995, 92(4): 343-353.

[4] Dancygier A N, Katz A, Wexler U. Bond between deformed reinforcement and normal and high-strength concrete with and without fibers[J]. Materials and Structures, 2010, 43(6): 839-856.

[5] Ganesan N, Indira P V, Sabeena M V. Bond stress slip response of bars embedded in hybrid fibre rein-forced high performance concrete[J]. Construction and Building Materials. 2014, 50: 108-115.

[6] 赵国藩. 高等钢筋混凝土结构学[M]. 北京：中国电力出版社，1999.

[7] Mains R M. Measurement of the distribution of tensile and bond stresses along reinforcing bars[J]. ACI

Journal Proceedings, 1951, 48(11): 34-37.

[8] 徐有邻. 钢筋混凝土粘结滑移本构关系的简化模型[J]. 工程力学(增刊), 1997, (4): 34-38.

[9] 张伟平, 张誉. 锈胀开裂后钢筋混凝土粘结滑移本构关系研究[J]. 土木工程学报, 2001, 34(5): 40-44.

[10] 金伟良, 赵羽习. 随不同位置变化的钢筋与混凝土的粘结本构关系[J]. 浙江大学学报(工学版), 2002(1): 1-6.

[11] 李庆扬, 王能超, 易大义. 数值分析[M]. 北京: 清华大学出版社, 2001.

[12] 沈文都, 徐有邻, 汪洪. 变形钢筋锚固受力的数值分析[C]∥ 混凝土结构基本理论及应用第二届学术讨论会论文集. 北京: 清华大学, 1990: 203-210.

[13] 李杰, 高向玲, 艾晓秋. 纤维增韧混凝土与钢筋的粘结性能研究[J]. 建筑结构学报, 2004, 25(2): 99-103.

[14] 谢丽. 钢纤维高强混凝土弯曲与粘结性能的试验研究[D]. 郑州: 郑州大学, 2003: 38-58.

[15] 章文纲, 程铁生. 钢纤维混凝土与钢筋粘结锚固性能的研究[J]. 工业建筑, 1989, 19(10): 9-14.

[16] Yazıcı S, Arel H S. The effect of steel fiber on the bond between concrete and deformed steel bar in SFRCs[J]. Construction and Building Materials, 2013, 40: 299-305.

[17] Harajli M, Hamad B, Karam K. Bond-slip response of reinforcing bars embedded in plain and fiber concrete[J]. Journal of Materials in Civil Engineering, 2002, 14(6): 503-511.

6 钢筋－钢纤维纳米混凝土梁正截面受弯性能及计算方法

6.1 引 言

现有研究表明,钢纤维可以提高钢筋混凝土的正截面受弯性能,包括开裂弯矩、承载力、刚度等的提高。但目前针对纳米材料对混凝土增强作用的研究仅限于材料层面,不能反映纳米材料对混凝土构件性能的影响。因此,本章通过对 12 根钢筋－钢纤维纳米混凝土梁的正截面受弯性能试验,探讨基体强度、钢纤维体积率、纳米材料掺量变化对梁正截面受弯性能的影响,建立钢筋－钢纤维纳米混凝土梁正截面承载力的计算方法以及刚度的计算方法,并与本书和相关文献试验结果进行对比分析。

6.2 正截面受弯性能试验结果对比及分析

6.2.1 开裂荷载及开裂弯矩

在梁正截面受弯试验中,定义加载时可用肉眼观察到第一条裂缝出现时的荷载和弯矩为梁的正截面开裂荷载和弯矩。表 6-1 列出了试验所得到的各梁的开裂荷载及开裂弯矩值,同时给出了同条件养护混凝土的基本力学性能。

表 6-1　梁开裂荷载、开裂弯矩及混凝土基本力学性能

编号	钢纤维纳米混凝土强度和弹性模量(MPa)				开裂荷载 F_{cr} (kN)	开裂弯矩 M_{cr} (kN·m)
	立方体抗压强度 f_{cu}	劈拉强度 f_{ts}	棱柱体抗压强度 f_c	弹性模量 E_c		
Be40F0S0C0	39.82	2.46	31.59	3.15×10^4	14.51	6.53
Be40F1S1C0	43.03	3.90	32.96	3.25×10^4	15.41	6.93
Be60F1S1C0	65.82	5.83	45.72	3.74×10^4	25.30	11.39
Be80F1S1C0	75.23	6.22	57.48	3.94×10^4	32.27	14.52
Be40F0S1C0	39.22	2.46	31.76	3.25×10^4	15.04	6.77
Be40F05S1C0	40.29	2.85	30.99	3.19×10^4	15.25	6.86
Be40F15S1C0	46.06	5.52	34.96	3.20×10^4	16.69	7.51
Be40F1S0C0	41.32	3.96	32.09	3.06×10^4	16.46	7.41
Be40F1S05C0	42.09	4.08	30.84	2.94×10^4	14.92	6.71
Be40F1S2C0	43.93	4.01	30.51	2.95×10^4	20.06	9.03
Be40F1S0C2	42.55	4.03	29.19	3.07×10^4	15.08	6.79
Be40F1S1C1	42.89	4.00	31.87	3.01×10^4	16.02	7.21

　　图6-1为基体强度等级、钢纤维体积率、NS掺量和纳米材料种类变化时,梁的正截面开裂弯矩对比图。由图6-1(a)可见,随着基体强度等级的增大,开裂弯矩增长迅速,基体强度接近CF80时,梁的正截面开裂弯矩达到了CF40基体强度梁的209.5%。但梁的开裂弯矩随钢纤维体积率的增大而增长幅度较小,钢纤维体积率达到1.5%时,开裂弯矩增长幅度在10.0%左右,见图6-1(b),这是由于钢纤维加入以后,虽然起到阻裂、限裂作用,但也增加了混凝土的不均质性,尤其是对钢筋密集的钢纤维混凝土构件,钢纤维不易在构件中均匀分散,但是这并不影响裂缝开展后钢纤维作用的发挥。NS掺量变化时,开裂弯矩没有表现出规律性发展,见图6-1(c),NS材料的作用主要在于一定程度上提高了混凝土的抗压强度,并且提高了钢纤维的作用效率,而开裂弯矩只针对受拉混凝土,因此在钢纤维对开裂弯矩影响不大的情况下,单纯提高NS掺量也不会对开裂弯矩有明显的规律性影响。纳米材料同掺量的情况下,掺有2.0% NS梁的开裂弯矩略大于掺有2.0% NC梁,以及双掺1.0% NS梁和1.0% NC梁的开裂弯矩,见图6-1(d)。

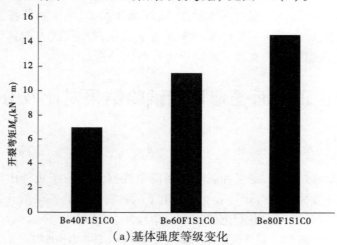

(a)基体强度等级变化

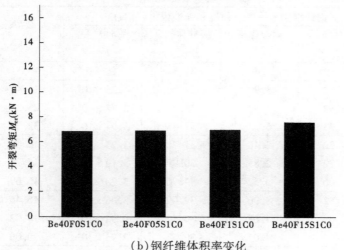

(b)钢纤维体积率变化

图6-1　梁的正截面开裂荷载与开裂弯矩

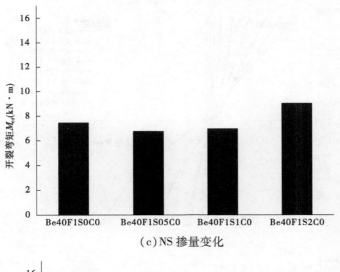

(c)NS 掺量变化

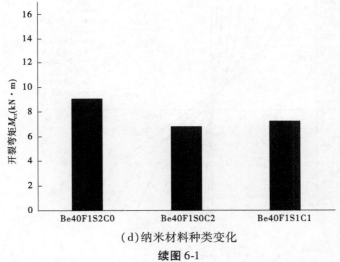

(d)纳米材料种类变化

续图 6-1

6.2.2 跨中截面混凝土应变

梁正截面受弯分级加载过程中采集了沿跨中截面高度的混凝土应变,图 6-2 给出了梁破坏之前各级荷载作用下部分梁跨中截面的混凝土应变发展规律。从图 6-2 可以看出,钢筋纳米混凝土梁和钢筋-钢纤维纳米混凝土梁在各级荷载作用下均基本符合平截面假定。随着钢纤维纳米混凝土强度等级的提高,相同荷载等级下同一截面高度的混凝土受压区和受拉区应变显著减小,见图 6-2(b)~(d),表明钢筋-钢纤维高强混凝土梁抵抗变形的能力好于钢筋-钢纤维普通强度混凝土梁。相比之下,钢筋-钢纤维纳米混凝土梁较不掺加钢纤维的钢筋(纳米)混凝土梁的应变增大幅度较为稳定,见图 6-2(a)、(b)、(e),这主要是由于钢纤维承载了梁受拉区部分拉应力,限制了裂缝的开展,延缓了梁的内力重分布,并且钢纤维体积率越大,效果越趋于明显,见图 6-2(b)、(e)~(g)。NS的掺加对梁跨中截面混凝土应变的发展无显著影响,见图 6-2(a)、(e)。

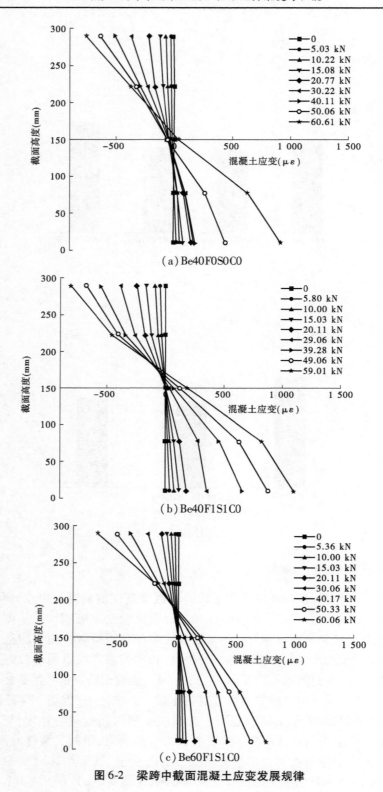

（a）Be40F0S0C0

（b）Be40F1S1C0

（c）Be60F1S1C0

图 6-2　梁跨中截面混凝土应变发展规律

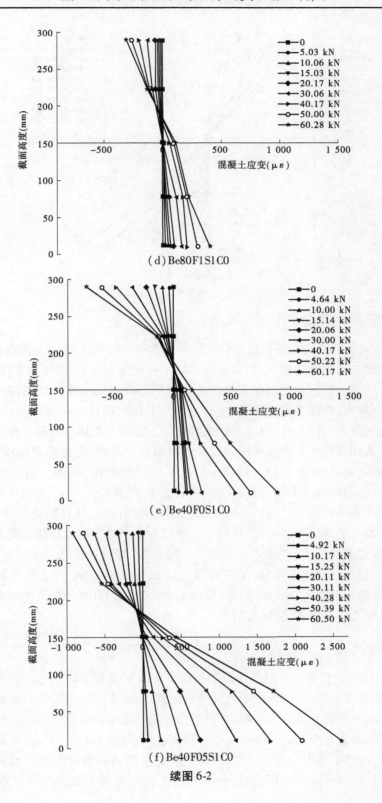

(d) Be80F1S1C0

(e) Be40F0S1C0

(f) Be40F05S1C0

续图 6-2

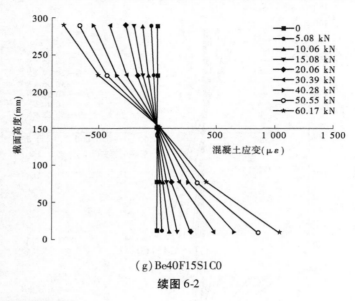

(g) Be40F15S1C0

续图 6-2

6.2.3 跨中截面挠度

图 6-3 为试验得到受拉钢筋进入强化阶段前的荷载与跨中挠度关系曲线。图 6-3 结果表明,在加载初期荷载比较小时,梁基本上处于弹性受力状态,曲线斜率较大;当达到开裂荷载以后,梁的受拉区首先出现裂缝,刚度同时下降,曲线出现转折,斜率略有减小;随着荷载的持续增大,曲线基本呈线性上升的趋势,受拉钢筋进入屈服阶段后,曲线出现较大的转折,随后荷载缓慢上升,挠度有较大的发展。混凝土基体从普通强度等级到高强度等级的增大,从加载开始到钢筋屈服阶段的曲线斜率逐渐增大,意味着刚度的增大,屈服到破坏阶段的荷载也相应地提高,见图 6-3(a)。在弹性阶段,钢筋 – 钢纤维纳米混凝土梁的曲线与钢筋纳米混凝土梁具有相同的发展规律,刚度变化不大,见图 6-3(b);梁开裂以后,由于钢纤维限制裂缝开裂以及承担部分拉应力的作用,使开裂处钢筋应力降低,裂缝宽度减小,增大了梁受弯的刚度,从曲线上表现为斜率略有增大;同时,随着钢纤维体积率从 0 ~ 1.5% 的增大,梁的受弯承载力增大。随着 NS 掺量从 0 ~ 2.0% 的提高,梁的刚度和受弯承载力的变化规律不明显,见图 6-3(c)。掺有 2.0% NC 的梁在开裂后的刚度和受弯承载力略高于掺有 2.0% NS 的梁,双掺 1.0% NS 和 1.0% NC 梁的刚度虽有小幅降低,但受弯承载力略有提高,见图 6-3(d)。

6.2.4 裂缝发展

图 6-4 给出了梁正截面承载力下降到极限承载力 80% 以下时的照片以及裂缝发展示意图。结合试验现象分析得到,梁加载到开裂荷载后,通常在纯弯段受拉区截面出现首条裂缝,所有梁的开裂裂缝宽度大致相当,但不掺加钢纤维梁的开裂裂缝发展比掺加钢纤维梁的要高很多,但最终破坏时裂缝发展高度较为接近,见图 6-4(a)、(b),可见钢纤维在混凝土开裂以后起到了限裂的作用,受拉区的拉应力由钢筋和钢纤维共同承载。随基体强度等级的提高,钢纤维锚固作用得到进一步发挥,初始开裂裂缝高度明显降低,见图 6-4

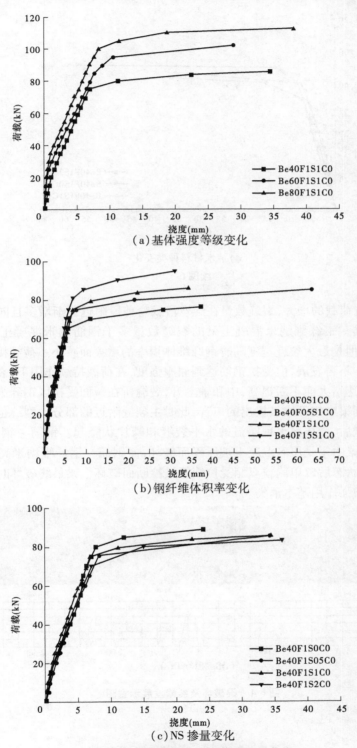

（a）基体强度等级变化

（b）钢纤维体积率变化

（c）NS 掺量变化

图 6-3　梁的荷载与跨中挠度关系曲线

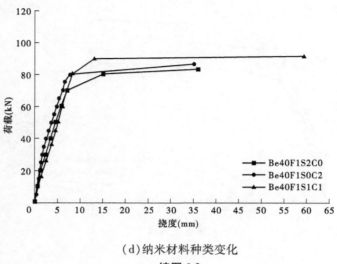

（d）纳米材料种类变化

续图6-3

（b）～（d）。随着荷载的增大，裂缝数量在纯弯段及弯剪段附近逐渐增多且向受压区方向发展，特别是钢筋－钢纤维纳米混凝土梁的裂缝数量多于钢筋纳米混凝土梁，见图6-4（b）、（e）～（g），但是最大裂缝宽度随着钢纤维体积率的增大而减小。荷载接近极限荷载时，裂缝数量基本不再发展，但受拉钢筋达到屈服强度，在荷载持续作用下，裂缝宽度和高度随着挠度的迅速增大而不断提高，中和轴上升，裂缝所在截面受拉区钢纤维的增强作用逐渐增大，能听到梁中钢纤维被拔出的声音，此时主裂缝附近的部分次裂缝也逐渐向主裂缝靠拢，极限荷载后，受压区出现明显的水平裂缝和鳞片状隆起。钢筋－钢纤维（纳米）普通强度混凝土梁由于受压区混凝土被压碎而破坏，而钢筋－钢纤维纳米高强混凝土梁在正常使用极限状态后以单侧或双侧受拉钢筋被拉断而破坏。梁最终破坏时的裂缝宽度很大，钢纤维的增强作用基本消失。

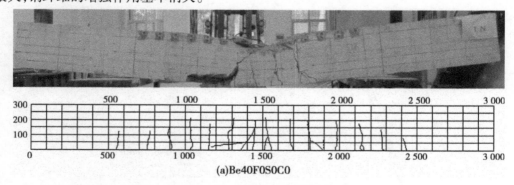

（a）Be40F0S0C0

图6-4　梁破坏及裂缝发展示意图

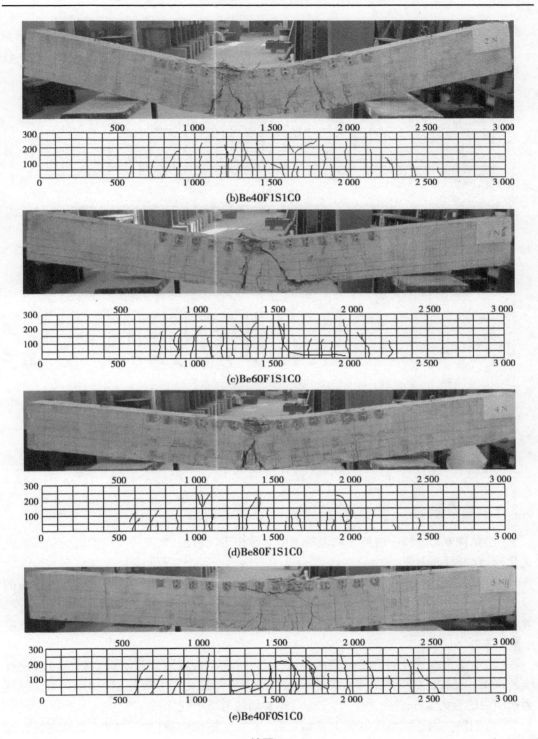

(b)Be40F1S1C0

(c)Be60F1S1C0

(d)Be80F1S1C0

(e)Be40F0S1C0

续图 6-4

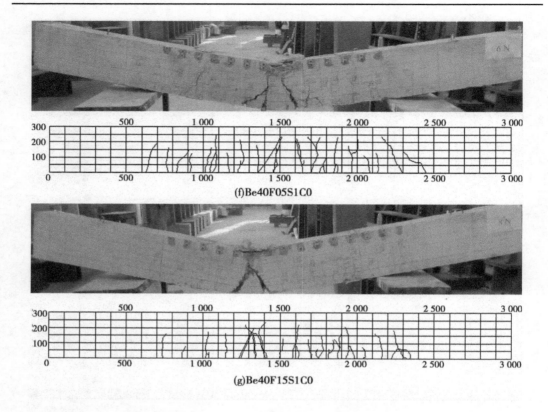

(f)Be40F05S1C0

(g)Be40F15S1C0

续图 6-4

6.3　正截面承载力计算方法

6.3.1　基本假定

(1)从图 6-2 梁跨中截面实测混凝土应变数据可以看出,截面应变沿梁高近似呈线性变化,符合平截面假定。

(2)梁受压区钢纤维纳米混凝土压应力简化为等效矩形应力,简化原则为压应力的合力大小不变,压应力合力对中和轴的力矩不变。其中,压应力分布高度采用折算高度,等效受压区高度为实测受压区高度值乘以系数 β;压应力为钢纤维混凝土轴心抗压强度 f_c 乘以系数 α。

(3)由于钢纤维在梁的受拉区承担了一部分拉应力,因此计算承载力时应考虑钢纤维的作用。受拉区钢纤维纳米混凝土实际拉应力分布简化为等效矩形应力图,简化原则为拉应力的合力大小不变,拉应力合力对中和轴的力矩不变。

(4)钢筋－钢纤维纳米混凝土粘结良好,未发生粘结破坏;梁破坏时,受拉钢筋已达到屈服强度。

6.3.2 钢纤维纳米混凝土与钢筋应力应变关系

由试验得知,纳米材料的掺加不会从规律上改变钢纤维混凝土的受压应力应变关系,因此钢纤维纳米混凝土的受压应力应变关系可采用钢纤维混凝土的分段式模型:

$$\begin{cases} \sigma_c = f_c\left[\alpha_a \dfrac{\varepsilon_c}{\varepsilon_0} + (3 - 2\alpha_a)\left(\dfrac{\varepsilon_c}{\varepsilon_0}\right)^2 + (\alpha_a - 2)\left(\dfrac{\varepsilon_c}{\varepsilon_0}\right)^3\right] & (\varepsilon_c \leqslant \varepsilon_0) \\[4mm] \sigma_c = f_c \dfrac{\dfrac{\varepsilon_c}{\varepsilon_0}}{\alpha_d\left(\dfrac{\varepsilon_c}{\varepsilon_0} - 1\right)^2 + \dfrac{\varepsilon_c}{\varepsilon_0}} & (\varepsilon_c \geqslant \varepsilon_0) \end{cases} \tag{6-1}$$

$$\alpha_a = E_c(1.3 + 0.014f_c + 0.96\rho_f l_f / d_f)/f_c \times 10^3$$
$$\alpha_d = (1.4 + 0.012f_c^{1.45})\left[1 - 0.8(\rho_f l_f / d_f)^{0.298}\right]$$

式中:σ_c 和 f_c 分别为钢纤维纳米混凝土压应力和轴心抗压强度;ε_c 和 ε_0 分别为钢纤维纳米混凝土压应变和峰值压应变。

根据钢筋拉伸试验结果,纵向受拉钢筋的应力应变关系按下式计算:

$$\sigma_s = E_s \varepsilon_s \tag{6-2}$$

式中:σ_s 为钢筋的拉应力;ε_s 为钢筋的拉应变。

适筋梁破坏时,纵向受拉钢筋的拉应力 σ_s 达到屈服强度 f_y,即

$$\sigma_s = f_y \tag{6-3}$$

6.3.3 正截面承载力计算

根据上述假定,可以得出梁截面在承载力极限状态下,受压区顶部边缘混凝土首先达到极限压应变而破坏,此时纵向受拉钢筋达到屈服强度而尚未达到抗拉强度。梁截面受压区和受拉区应力应变分布及其等效图形如图 6-5 所示。假定受压区高度为 x,根据平截面假定可知,受压区任一处的压应变 ε_c 为

$$\varepsilon_c = \frac{\varepsilon_{cu}}{x}y \tag{6-4}$$

式中:ε_{cu} 为纳米混凝土的极限压应变。

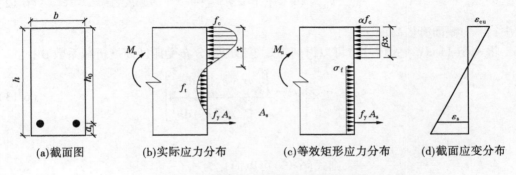

(a)截面图 (b)实际应力分布 (c)等效矩形应力分布 (d)截面应变分布

图 6-5 梁的截面应力应变分布及其等效图形

由于钢纤维和纳米材料对混凝土受压性能影响较小,钢纤维纳米混凝土的压应变可按普通混凝土考虑。因此,对于非均匀受压钢纤维纳米混凝土梁,式(6-1)中的 ε_0 和式(6-4)中的 ε_{cu} 按照《混凝土结构设计规范》(GB 50010—2010)所提供的方法取值:

$$\varepsilon_0 = 0.002 + 0.5(f_{cu} - 50) \times 10^{-5} \geqslant 0.002 \tag{6-5}$$

$$\varepsilon_{cu} = 0.003\ 3 - (f_{cu} - 50) \times 10^{-5} \leqslant 0.003\ 3 \tag{6-6}$$

根据图 6-5(b)所示的截面平衡条件有:

$$C = \sigma_s A_s + T_f \tag{6-7}$$

式中:C 为受压区钢纤维纳米混凝土合力;A_s 为钢筋截面面积;T_f 为受拉区钢纤维纳米混凝土合力。

对式(6-4)两边求导,可以得到受压区某一单元微压应变 $d\varepsilon_c$:

$$d\varepsilon_c = \frac{\varepsilon_{cu}}{x} dy \tag{6-8}$$

则受压区钢纤维纳米混凝土合力 C 为

$$C = b \int_0^x \sigma_c(\varepsilon_c) dy = b \frac{x}{\varepsilon_{cu}} \int_0^{\varepsilon_{cu}} \sigma_c(\varepsilon_c) d\varepsilon_c \tag{6-9}$$

式中:b 为梁截面宽度。

受压区钢纤维纳米混凝土合力 C 对中和轴的弯矩为

$$y_c C = b \int_0^x \sigma_c(\varepsilon_c) y dy = b \left(\frac{x}{\varepsilon_{cu}}\right)^2 \int_0^{\varepsilon_{cu}} \sigma_c(\varepsilon_c) \varepsilon_c d\varepsilon_c \tag{6-10}$$

式中:y_c 为受压区钢纤维纳米混凝土合力作用点到中和轴的距离。

将式(6-9)代入式(6-10)可以求得 y_c:

$$y_c = \frac{x}{\varepsilon_{cu}} \frac{\int_0^{\varepsilon_{cu}} \sigma_c(\varepsilon_c) \varepsilon_c d\varepsilon_c}{\int_0^{\varepsilon_{cu}} \sigma_c(\varepsilon_c) d\varepsilon_c} \tag{6-11}$$

由于截面实际应力分布与截面等效矩形应力分布的合力作用点位置相同,则等效应力图中受压区混凝土合力作用点距钢筋的距离保持不变。根据图 6-5(b)和(c)可以得到:

$$h_0 - (x - y_c) = h_0 - \frac{\beta x}{2} \tag{6-12}$$

式中:h_0 为截面有效高度。

将式(6-11)代入式(6-12)可以得到等效矩形应力分布受压区高度折减系数 β:

$$\beta = 2 \times \left[1 - \frac{\int_0^{\varepsilon_{cu}} \sigma_c(\varepsilon_c) \varepsilon_c d\varepsilon_c}{\varepsilon_{cu} \int_0^{\varepsilon_{cu}} \sigma_c(\varepsilon_c) d\varepsilon_c}\right] \tag{6-13}$$

令 $k = \dfrac{\int_0^{\varepsilon_{cu}} \sigma_c(\varepsilon_c) \varepsilon_c d\varepsilon_c}{\varepsilon_{cu} \int_0^{\varepsilon_{cu}} \sigma_c(\varepsilon_c) d\varepsilon_c}$,则式(6-13)可以简化为

$$\beta = 2(1 - k) \tag{6-14}$$

由于截面实际应力分布与截面等效矩形应力分布的面积相等,根据图 6-5(b)、(c)可以得到:

$$\frac{x}{\varepsilon_{cu}} \int_0^{\varepsilon_{cu}} \sigma_c(\varepsilon_c) \, d\varepsilon_c = \alpha f_c \beta x \tag{6-15}$$

将式(6-14)代入式(6-15),可以得到等效矩形应力分布受压区混凝土抗压强度折减系数 α:

$$\alpha = \frac{\int_0^{\varepsilon_{cu}} \sigma_c(\varepsilon_c) \, d\varepsilon_c}{2(1 - k)\varepsilon_{cu} f_c} \tag{6-16}$$

根据图 6-5(c)所示的截面平衡条件有:

$$\alpha f_c \beta x b = A_s f_y + \sigma_f(h - x)b \tag{6-17}$$

式中:h 为梁的截面高度;σ_f 为受拉区钢纤维纳米混凝土等效拉应力。

根据式(6-17),可以得到梁受压区高度 x 为

$$x = \frac{A_s f_y + \sigma_f b h}{\alpha f_c \beta b + \sigma_f b} \tag{6-18}$$

受压区合力作用点、受拉区合力作用点对钢筋合力点取距可以得到:

$$M_u = \alpha f_c \beta x b \left(h_0 - \frac{\beta}{2}x\right) - \sigma_f(h - x)b\left(\frac{h - x}{2} - a_s\right) \tag{6-19}$$

式中:a_s 为钢筋合力点到受拉区边缘的距离。

将本书试验结果代入式(6-19)可得到钢纤维纳米混凝土等效拉应力 σ_f。通过试验结果可知,钢纤维纳米混凝土等效拉应力 σ_f 与混凝土基体抗拉强度 f_t 和钢纤维特征参数 λ_f 有关,纳米材料掺量的变化对钢纤维混凝土强度影响相对较小,这里不予单独考虑。根据对本书试验结果的回归分析,钢纤维纳米混凝土等效拉应力 σ_f 可由下式计算:

$$\sigma_f = 0.525 f_t \lambda_f \tag{6-20}$$

式中:λ_f 为钢纤维特征参数,$\lambda_f = \rho_f(l_f/d_f)$;$f_t$ 可根据文献[12]所提供的方法近似换算:

$$f_t = 0.9 f_{ts,0} \tag{6-21}$$

式中:$f_{ts,0}$ 为基体立方体劈拉强度。

根据所提出的钢筋－钢纤维纳米混凝土梁正截面受弯承载力计算方法,对本书钢筋－钢纤维纳米混凝土梁和文献[13-14]钢筋－钢纤维混凝土梁的正截面受弯梁进行承载力计算,并将计算 M_u 与试验 M_u^{exp} 进行对比,对比结果见表 6-2。试验值与计算值之比的平均值为 0.993 6,标准差为 0.091 0,变异系数为 0.091 5,计算值与试验值吻合良好,因此所提出的计算方法适用于钢筋－钢纤维混凝土梁和钢筋－钢纤维纳米混凝土梁的正截面承载力计算。从试验结果可以看到,钢纤维体积率的增大可显著提高梁的受弯承载力,钢纤维体积率为 0.5%、1.0% 和 1.5% 时,受弯承载力较不掺加钢纤维的梁分别提高了 11.7%、17.1%、24.3%。

表 6-2　受弯承载力试验值与计算值对比

文献	编号	M_u^{exp}（kN·m）	M_u（kN·m）	M_u^{exp}/M_u
本书	Be40F0S1C0	34.41	36.26	0.949 0
	Be40F05S1C0	38.44	38.45	0.999 7
	Be40F1S1C0	40.30	40.44	0.996 5
	Be40F15S1C0	42.76	42.39	1.008 7
文献[13]	2 – 0 – Ⅲ – 300	80.10	89.40	0.896 0
	2 – 0.5 – Ⅲ – 300	80.10	91.32	0.877 1
	2 – 1.0 – Ⅲ – 300	82.80	92.97	0.890 6
	2 – 2.0 – Ⅲ – 300	94.50	91.67	1.030 9
文献[14]	LC – 1	53.39	50.52	1.056 8
	LCB0.5 – 3	56.20	60.42	0.930 2
	LCB1.0 – 3	60.60	53.70	1.128 5
	LCB1.5 – 3	63.80	55.04	1.159 2

6.4　截面刚度计算方法

6.4.1　基于有效惯性矩法的刚度计算

有效惯性矩法是将梁内配置的受力纵筋通过弹性模量比的形式进行折算,将截面上纵筋面积等效为混凝土面积,进而对均质混凝土梁的惯性矩进行计算的方法。对于钢筋混凝土梁,其刚度计算可以分为开裂前和开裂后两部分进行,受拉区混凝土开裂前与开裂后的换算截面如图 6-6 所示,因此需要分别计算得到开裂前的初始惯性矩 I_0 和开裂后的开裂截面惯性矩 I_{cr}。在混凝土开裂前,梁作为一个整体承受荷载,其刚度 B 上限值为 $E_c I_0$,随着荷载的增加,梁的刚度随着弯矩值的提高而减小,当受拉区的混凝土完全退出工作后,其刚度 B 的下限值为 $E_c I_{cr}$。美国规范 ACI318 – 11 建议,当梁所承受的弯矩大于开裂弯矩时,钢筋混凝土梁的截面有效惯性矩 I_{eff} 可在 I_0 与 I_{cr} 之间插值:

$$I_{eff} = \left(\frac{M_{cr}}{M}\right)^3 I_0 + \left[1 - \left(\frac{M_{cr}}{M}\right)^3\right] I_{cr} \leqslant I_0 \tag{6-22}$$

式中: M_{cr} 为开裂弯矩; M 为开裂截面弯矩。

对于钢筋 – 钢纤维纳米混凝土梁,受拉区混凝土即便发生了开裂,裂缝两侧混凝土仍由钢纤维连接并承担一定的拉应力,可有效抑制混凝土开裂后挠度的快速发展。显然,梁受拉区发生开裂后并未完全退出工作,其刚度随着钢纤维体积率的不同而变化,而采用式(6-22)计算惯性矩时并不能反映出这一特征。因此,在进行开裂截面惯性矩时,需要考

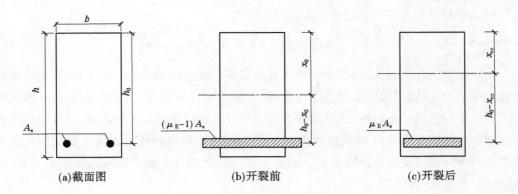

图 6-6 开裂前与开裂后的换算截面

虑钢纤维的作用,而纳米材料的加入和掺量变化对钢纤维混凝土受拉性能影响不大,计算时不予考虑。

在钢纤维纳米混凝土开裂之前,钢筋与钢纤维纳米混凝土始终保持着协同工作的状态,通过弹性模量之比,可将截面上钢筋的面积换算为钢纤维纳米混凝土的面积,则钢筋－钢纤维纳米混凝土总面积 A_0 为

$$A_0 = bh + (\mu_E - 1)A_s \qquad (6\text{-}23)$$

式中:μ_E 为钢筋弹性模量 E_s 与钢纤维纳米混凝土弹性模量 E_c 之比。

根据受拉区与受压区钢纤维纳米混凝土对中和轴的面积矩相等的条件,可以得到钢纤维纳米混凝土受压区高度 x_0:

$$x_0 = \frac{\frac{1}{2}bh^2 + (\mu_E - 1)A_s h_0}{bh + (\mu_E - 1)A_s} \qquad (6\text{-}24)$$

根据平衡移轴公式可以得到梁开裂前的初始惯性矩 I_0:

$$I_0 = \frac{b}{3}\left[x_0^3 + (h - x_0)^3\right] + (\mu_E - 1)A_s (h_0 - x_0)^2 \qquad (6\text{-}25)$$

梁开裂以后,掺有钢纤维的纳米混凝土与钢筋共同承担拉应力,根据受压区与受拉区钢纤维纳米混凝土对中和轴的面积矩相等的条件可以得到:

$$\frac{1}{2}bx_{cr}^2 = \mu_E A_s(h_0 - x_{cr}) + \mu'_E A_f h_f \qquad (6\text{-}26)$$

式中:x_{cr} 为开裂截面钢纤维纳米混凝土受压区高度;μ'_E 为钢纤维与纳米混凝土弹性模量比值;A_f 为受拉区钢纤维截面面积之和;h_f 为受拉区钢纤维合力点到中和轴的距离。

由式(6-26)可得到开裂截面混凝土受压区高度 x_{cr} 计算公式:

$$x_{cr} = \left(\sqrt{\mu_E^2\rho_s^2 + 2\mu_E\rho_s + \frac{2\mu'_E A_f h_f}{bh_0^2}} - \mu_E\rho_s\right)h_0 \qquad (6\text{-}27)$$

式中:ρ_s 为钢筋配筋率,$\rho_s = \dfrac{A_s}{bh_0}$。

根据平行移轴公式可得出开裂截面惯性矩 I_{cr}：

$$I_{cr} = \frac{1}{3}bx_{cr}^3 + \mu_E A_f (h_0 - x_{cr})^2 + \mu'_E A_f h_f^2 \qquad (6\text{-}28)$$

由试验结果分析可知,钢纤维的加入有效阻止了梁受拉裂缝的开展与延伸,随着钢纤维体积率的增大,梁受压区高度范围增大,受拉区截面面积减小。同时,由于钢纤维在纳米混凝土中的乱向分布特性,致使梁开裂截面受拉区钢纤维的截面面积 A_f 以及钢纤维合力点到中和轴的距离 h_f 无法直接计算。为了简便计算,将钢纤维对混凝土受压区高度和开裂截面惯性矩的影响以折算系数 φ 的形式统一转化为对混凝土受压区高度的影响,则式(6-27)与式(6-28)可写为

$$x_{cr} = \left(\sqrt{\mu_E^2 \rho_s^2 + 2\mu_E \rho_s + \varphi \frac{2\mu'_E A_f h_f}{bh_0^2}} - \mu_E \rho_s \right) h_0 \qquad (6\text{-}29)$$

$$I_{cr} = \frac{1}{3}bx_{cr}^3 + \mu_E A_f (h_0 - x_{cr})^2 \qquad (6\text{-}30)$$

令 $v = \varphi \dfrac{2\mu'_E A_f h_f}{bh_0^2}$,则 v 可定义为钢纤维影响系数,式(6-29)可写为

$$x_{cr} = \left(\sqrt{\mu_E^2 \rho_s^2 + 2\mu_E \rho_s + v} - \mu_E \rho_s \right) h_0 \qquad (6\text{-}31)$$

根据对本书试验结果分析,钢纤维影响系数与钢纤维含量特征参数有关,经本书试验数据回归分析后得出钢纤维影响系数 v 的计算公式为

$$v = 0.035\lambda_f \qquad (6\text{-}32)$$

因此,钢筋－钢纤维纳米混凝土梁正常使用阶段的截面刚度 B_f 可以表示为

$$B_f = \left(\frac{M_{cr}}{M} \right)^3 I_0 E_c + \left[1 - \left(\frac{M_{cr}}{M} \right)^3 \right] I_{cr} E_c \leqslant I_0 E_c \qquad (6\text{-}33)$$

基于材料力学理论,对于均质弹性材料的受弯构件,当截面及材料给定后,截面抗弯刚度 B_f 为一常数,跨中截面挠度 f 与弯矩 M 呈线性关系,即

$$f = S \frac{Ml^2}{B_f} \qquad (6\text{-}34)$$

式中:S 为与荷载形式、支撑条件有关的系数,根据本书试件形式取 $S = 0.1065$;l 为梁的计算跨度。

将实测跨中挠度 f 和 M 代入式(6-34)即可求得试验得到的截面刚度,这里用 B_f^{exp} 来表示。在正常使用极限状态范围内,将本书钢筋－钢纤维纳米混凝土梁和文献[13-17]钢筋钢纤维混凝土梁试验所得到的 B_f^{exp} 与本书计算所得到的 B_f 进行对比,对比结果列于表 6-3。试验值与计算值之比的平均值为 0.9633,标准差为 0.0933,变异系数为 0.0968,计算值与试验值吻合良好。因此,所提出的基于有效惯性矩法的刚度计算公式可用于钢筋－钢纤维混凝土梁和钢筋－钢纤维纳米混凝土梁的截面刚度计算。

表6-3　截面刚度试验值与计算值对比

文献	编号	M_u^{exp} （kN·m）	B_f^{exp} （N·mm²）	有效惯性矩法		解析法	
				B_f （N·mm²）	B_f^{exp}/B_f	B_f （N·mm²）	B_f^{exp}/B_f
本书	Be40F0S1C0	13.50	3.61×10^{12}	4.69×10^{12}	0.769 7	4.82×10^{12}	0.749 0
	Be40F0S1C0	24.91	3.28×10^{12}	3.82×10^{12}	0.858 6	3.87×10^{12}	0.847 5
	Be40F05S1C0	15.76	4.51×10^{12}	4.31×10^{12}	1.046 4	4.56×10^{12}	0.989 0
	Be40F05S1C0	24.89	3.85×10^{12}	3.82×10^{12}	1.007 9	3.95×10^{12}	0.974 7
	Be40F1S1C0	13.04	5.22×10^{12}	4.90×10^{12}	1.065 3	5.15×10^{12}	1.013 6
	Be40F1S1C0	22.08	4.27×10^{12}	3.94×10^{12}	1.083 8	4.19×10^{12}	1.019 1
	Be40F15S1C0	15.61	4.60×10^{12}	4.38×10^{12}	1.050 2	4.81×10^{12}	0.956 3
	Be40F15S1C0	24.84	4.07×10^{12}	3.93×10^{12}	1.035 6	4.15×10^{12}	0.980 7
文献[13]	2-0-Ⅲ-300	42.75	6.29×10^{12}	5.80×10^{12}	1.084 5	5.72×10^{12}	1.099 7
	2-0-Ⅲ-300	54.00	5.76×10^{12}	5.73×10^{12}	1.005 2	5.53×10^{12}	1.041 6
	2-0.5-Ⅲ-300	40.50	5.20×10^{12}	6.09×10^{12}	0.853 9	5.75×10^{12}	0.904 3
	2-0.5-Ⅲ-300	58.50	4.66×10^{12}	5.78×10^{12}	0.806 2	5.45×10^{12}	0.855 0
	2-1.0-Ⅲ-300	45.00	5.55×10^{12}	6.34×10^{12}	0.875 4	5.65×10^{12}	0.982 3
	2-1.0-Ⅲ-300	63.00	5.05×10^{12}	5.89×10^{12}	0.875 4	5.41×10^{12}	0.933 5
	2-2.0-Ⅲ-300	54.00	6.16×10^{12}	6.33×10^{12}	0.973 1	5.61×10^{12}	1.098 0
	2-2.0-Ⅲ-300	67.50	5.82×10^{12}	6.04×10^{12}	0.963 6	5.47×10^{12}	1.064 0
文献[17]	G60-2-05	36.04	5.98×10^{12}	5.69×10^{12}	1.051 0	6.09×10^{12}	0.981 9
	G60-2-05	45.05	5.53×10^{12}	5.57×10^{12}	0.992 8	5.74×10^{12}	0.963 4
	B60-2-05	36.30	5.20×10^{12}	5.86×10^{12}	0.887 4	6.08×10^{12}	0.855 3
	B60-2-05	45.09	4.87×10^{12}	5.66×10^{12}	0.860 4	5.74×10^{12}	0.848 4
	B60-2-10	35.97	6.08×10^{12}	6.15×10^{12}	0.988 6	6.09×10^{12}	0.998 4
	B60-2-10	45.05	5.98×10^{12}	5.81×10^{12}	1.029 3	5.74×10^{12}	1.041 8
	B60-2-15	35.96	6.45×10^{12}	6.36×10^{12}	1.014 2	6.09×10^{12}	1.059 1
	B60-2-15	45.29	5.69×10^{12}	5.93×10^{12}	0.959 5	5.73×10^{12}	0.993 0

6.4.2　基于解析法的刚度计算

　　钢筋混凝土受弯构件,通过引入反映其受力变形特点的适当参数,仍可采用材料力学的方法建立其短期刚度计算公式:

$$B = \frac{M}{\phi} \tag{6-35}$$

式中：ϕ 为梁的平均曲率。

$$\phi = \frac{\overline{\varepsilon_c} + \overline{\varepsilon_s}}{h_0} = \frac{\overline{\varepsilon_s}}{h_0 - x_0} \tag{6-36}$$

式中：$\overline{\varepsilon_c}$ 和 $\overline{\varepsilon_s}$ 分别为混凝土受压边缘平均压应变和纵向钢筋平均拉应变。

其中，$\overline{\varepsilon_s}$ 可表示为

$$\overline{\varepsilon_s} = \frac{\psi_s \sigma_s}{E_s} \tag{6-37}$$

式中：ψ_s 为裂缝面纵向受拉钢筋应变不均匀系数。

由于钢纤维加入纳米混凝土以后，钢纤维阻止了裂缝的发展，分担了钢筋所承担的拉应力 σ_s，而纳米材料掺量的变化对混凝土抗拉强度影响较小，仅体现在对钢纤维作用效率的提高，而不予单独考虑。因此，计算梁裂缝面纵向受拉钢筋的应力 σ_{fs} 仅需考虑钢纤维的影响，即

$$\sigma_{fs} = \sigma_s (1 - \beta_f \xi \frac{f_t}{\rho_s \sigma_s} \lambda_f) \tag{6-38}$$

式中：β_f 为钢纤维对受拉区纳米混凝土拉应力影响系数；ξ 为与裂缝面应变分布有关的系数。

从式（6-38）可以看出，钢纤维对钢筋纳米混凝土梁刚度的影响主要体现在纵向受拉钢筋应力的变化，则钢筋–钢纤维纳米混凝土梁的刚度可表示为

$$B_f = B \frac{\psi_c}{\psi_s} \frac{\sigma_s}{\sigma_{fs}} \tag{6-39}$$

式中：ψ_c 为裂缝面混凝土应变不均匀系数，这里取 $\psi_c/\psi_s = 1$。

将式（6-37）代入式（6-39）可以进一步得到：

$$B_f = B(1 + \frac{\beta_f \xi \frac{f_t}{\rho_s \sigma_s} \lambda_f}{1 - \beta_f \xi \frac{f_t}{\rho_s \sigma_s}}) \tag{6-40}$$

至此，式（6-40）就可以简化为《纤维混凝土结构技术规程》（CECS 38：2004）所建议的钢筋–钢纤维混凝土矩形截面梁短期刚度计算公式：

$$B_f = B(1 + \beta_B \lambda_f) \tag{6-41}$$

式中：β_B 为钢纤维对梁短期刚度的影响系数。

对本书的试验数据进行回归分析后，钢筋–钢纤维普通强度纳米混凝土梁的 β_B 可取为 0.08；文献[20]认为，钢筋–钢纤维高强混凝土梁的 β_B 非常小，通常可以取为 0。钢筋混凝土矩形截面梁短期刚度 B 按照《混凝土结构设计规范》（GB 50010—2010）所给出的计算公式计算，即：

$$B = \frac{E_s A_s h_0^2}{1.15\psi_s + 0.2 + 6\mu_E \rho_s} \tag{6-42}$$

ψ_s 按规范中建议的计算式取值，即

$$0.2 \leqslant \psi_s = 1.1 - 0.65 \frac{f_t}{\rho_{te} \sigma_s} \leqslant 1.0 \tag{6-43}$$

式中：ρ_{te} 为按有效受拉混凝土界面面积计算的纵向受拉钢筋配筋率，即 $\rho_{te} = A_s/0.5bh$；σ_s 为纵向受拉钢筋的等效应力，即 $\sigma_s = M/0.87h_0 A_s$。

在正常使用极限状态范围内，将本书钢筋－钢纤维纳米混凝土梁和文献[13-17]钢筋－钢纤维混凝土梁试验所得到的 B_f^{exp} 与本书计算所得到的 B_f 进行对比，对比结果列于表6-3。试验值与计算值之比的平均值为 0.968 6，标准差为 0.087 5，变异系数为 0.090 4，计算值与试验值吻合良好。因此，所提出的基于解析法的刚度计算公式可用于钢筋－钢纤维混凝土梁和钢筋－钢纤维纳米混凝土梁的截面刚度计算。

6.5 本章小结

（1）随钢纤维纳米混凝土强度的提高，钢筋－钢纤维纳米混凝土梁的开裂弯矩可提高1倍左右，但随着钢纤维体积率在 0～1.5% 范围内的增大，开裂弯矩增幅在 10% 左右。NS 在 0～2.0% 范围内的增大对开裂弯矩的规律性不明显。

（2）钢筋纳米混凝土梁和钢筋－钢纤维纳米混凝土梁在分级加载至破坏之前均基本符合平截面假定。

（3）随钢纤维纳米混凝土强度的提高以及钢纤维体积率在 0～1.5% 范围内的增大，钢筋－钢纤维纳米混凝土梁截面刚度和受弯承载力逐渐提高。2.0% NC 梁的截面刚度和受弯承载力比 2.0% NS 梁的略有提高，虽然双掺 1.0% NS 和 1.0% NC 梁的截面刚度虽略有降低，但受弯承载力略有提高。

（4）钢纤维的加入能够有效抑制钢筋纳米混凝土梁的裂缝发展。随钢纤维纳米混凝土强度的提高，可降低梁初始开裂的裂缝高度。随着钢纤维体积率在 0～1.5% 范围内的增大，梁的裂缝宽度减小，但数量增多。

（5）考虑梁开裂后钢纤维对开裂截面的作用，建立了钢筋－钢纤维纳米混凝土梁正截面承载力计算方法；基于有效惯性矩法和解析法，分析了钢筋－钢纤维纳米混凝土梁的截面刚度，提出了考虑钢纤维对开裂截面影响的截面刚度计算方法，通过试验结果进行比较，计算值与试验值吻合良好。

参考文献

[1] Fritih Y, Vidal T, Turatsinze A, et al. Flexural and shear behavior of steel fiber reinforced SCC beams[J]. KSCE Journal of Civil Engineering, 2013, 17(6): 1383-1393.

[2] Mertol H C, Baran E, Bello H J. Flexural behavior of lightly and heavily reinforced steel fiber concrete beams[J]. Construction and Building Materials, 2015, 98: 185-193.

[3] Dipti R S, Apekshit S, Abhimanyu K. Influence of steel and polypropylene fibers on flexural behavior of RC beams[J]. Journal of Materials in Civil Engineering, 2015, 27(8): 04014232-1-04014232-9.

[4] 宋宇婷. 不同钢纤维率钢纤维再生混凝土梁的抗弯性能试验研究[D]. 成都：西华大学, 2013.

[5] Bywalski C, Kaminski M. Estimation of the bending stiffness of rectangular reinforced concrete beams

made of steel fibre reinforced concrete[J]. Archives of Civil and Mechanical Engineering, 2011, 11(3): 553-571.

[6] Vandewalle L. Cracking behaviour of concrete beams reinforced with a combination of ordinary reinforcement and steel fibers[J]. Materials and Structures, 2000, 33(3): 164-170.

[7] 刘兰, 卢亦焱, 徐谦. 钢筋钢纤维高强混凝土梁的抗弯性能试验研究[J]. 铁道学报, 2010, 32 (5): 130-135.

[8] 杨松霖, 刁波, 叶英华. 钢筋超高性能混合纤维混凝土梁力学性能试验研究[J]. 建筑结构学报, 2011, 32(2): 17-23.

[9] 黄伟, 张丽, 吴明超. HRB500 级高性能钢筋钢纤维混凝土梁受弯性能试验研究[J]. 工业建筑, 2011, 41(11): 76-80.

[10] 高丹盈. 钢纤维混凝土轴压应力—应变全曲线研究[J]. 水利学报, 1991, 10(10): 43-48.

[11] 中华人民共和国住房和城乡建设部, 中华人民共和国国家质量监督检验检疫总局. 混凝土结构设计规范: GB 50010—2010[S]. 北京: 中国建筑工业出版社, 2010.

[12] 韩嵘, 赵顺波, 曲福来. 钢纤维混凝土抗拉性能试验研究[J]. 土木工程学报, 2006, 39(11): 63-68.

[13] 管巧艳. 钢筋钢纤维高强混凝土梁受弯性能研究[D]. 郑州: 郑州大学, 2005.

[14] 张欢欢. 钢纤维高强陶粒混凝土梁抗弯性能试验研究[D]. 厦门: 华侨大学, 2015.

[15] 过镇海. 钢筋混凝土原理[M]. 北京: 清华大学出版社, 2013.

[16] ACI Committee. ACI 318 – 11 Building code requirements for structural concrete[S]. USA: Farmington Hills: American Concrete Institute, 2014.

[17] 林涛. 钢筋钢纤维高强混凝土梁抗弯性能的试验研究[D]. 大连: 大连理工大学, 2002.

[18] 高丹盈, 刘建秀. 钢纤维混凝土基本理论[M]. 北京: 科学技术文献出版社, 1994.

[19] 大连理工大学. 纤维混凝土结构技术规程: CECS 38: 2004 [S]. 北京: 中国计划出版社, 2004.

[20] 张明. 钢筋钢纤维高强混凝土梁的疲劳性能及计算方法[D]. 郑州: 郑州大学, 2015.

7 结论与展望

7.1 主要结论

本书通过钢筋与钢纤维纳米混凝土的粘结试验以及钢筋－钢纤维纳米混凝土梁的正截面受弯性能试验,开展了以下研究工作:

(1)研究了基体强度、钢纤维体积率、纳米材料(纳米 SiO_2 和纳米 $CaCO_3$)掺量、钢筋类型和试件形式对钢筋与混凝土粘结性能的影响,分析了各参数变化对粘结滑移曲线、粘结强度的影响规律,分析了钢纤维及纳米材料的增强机制;

(2)研究了钢筋与钢纤维混凝土的粘结机制,提出了带肋钢筋与钢纤维混凝土粘结强度的计算方法;

(3)通过对钢筋纵向开槽、槽内均匀粘贴应变片的局部粘结试验结果的分析,研究了钢筋－钢纤维纳米混凝土的应力分布和滑移分布规律,提出了能够较好反映钢筋－钢纤维纳米混凝土受力过程的粘结应力—滑移关系模型;

(4)研究了基体强度、钢纤维体积率、纳米材料(纳米 SiO_2 和纳米 $CaCO_3$)掺量对钢筋混凝土梁正截面受弯性能的影响,分析了各参数变化对梁开裂弯矩、裂缝发展、跨中截面混凝土应变和挠度的影响;

(5)研究了钢筋－钢纤维纳米混凝土梁的截面应力分布,考虑钢纤维对梁截面开裂以后的作用,提出了钢筋－钢纤维纳米混凝土梁正截面承载力计算方法以及截面刚度计算方法。

主要结论如下:

(1)带肋钢筋普通混凝土粘结试件多发生完全劈裂破坏,粘结滑移曲线无粘结应力下降段;钢纤维的加入对周围混凝土起到了阻裂增强作用,使粘结破坏形态转变为劈裂后的拔出破坏,若钢纤维体积率较大,钢筋只是拔出,试件表面无可见裂缝,钢纤维混凝土粘结试件具有完整的粘结滑移曲线;光圆钢筋粘结试件也是只发生拔出破坏,峰值粘结应力后出现应力强化现象。混凝土基体强度的增大可使带肋钢筋粘结试件的粘结强度提高28.8%~49.7%,光圆钢筋粘结试件的粘结强度提高69.1%~124.1%;钢纤维体积率的增大可使带肋钢筋粘结试件的粘结强度提高0.4%~21.8%,但对光圆钢筋粘结试件的粘结强度提高相对较小。纳米 SiO_2 和纳米 $CaCO_3$ 在混凝土中可提高基体的密实程度,改善界面组织,可使带肋钢筋粘结试件的粘结强度提高0.4%~14.4%,光圆钢筋的粘结强度提高3.9%~45.7%,纳米 $CaCO_3$ 对粘结强度的提高效果好于纳米 SiO_2 的。相同条件下,配有箍筋的梁式粘结试件的粘结强度大于标准粘结试件的,Losberg 粘结试件的粘结强度最小。

(2)钢筋－钢纤维纳米混凝土的粘结可简化为外围无约束的二维平面轴对称问题来

分析,钢纤维纳米混凝土开裂后可分为弹性开裂外环和部分开裂内环来建立钢筋、钢纤维纳米混凝土弹性开裂外环和部分开裂内环三者之间的受力平衡关系。根据钢纤维纳米混凝土具有较大变形和裂缝扩展能力的特点,提出了钢纤维纳米混凝土环向应变和环向伸长的表达式,并基于根据弹性力学和虚拟裂缝理论,结合钢纤维纳米混凝土的软化模型,提出了钢筋－钢纤维纳米混凝土粘结强度的计算方法。结果表明,相对粘结强度的计算结果介于全塑性状态解与部分开裂弹性状态解之间,粘结强度随着相对保护层厚度的增大、裂缝数量的增多和钢筋直径的减小而呈现出不同程度的提高,但裂缝数量大于 5 或者钢筋直径大于 32 mm,裂缝数量和钢筋直径对相对粘结强度的影响较小。

(3)通过钢筋开槽内贴应变片的方法实测了钢筋应变,并根据对实测钢筋应变的分析,建立了以三次多项式表达的粘结应力分布函数,进一步得到了粘结应力和相对粘结滑移沿粘结长度的分布。结果表明,随混凝土基体强度、钢纤维体积率和纳米 SiO_2 掺量的增大,近粘结试件加载端的粘结应力极值前移,近自由端的粘结应力极值降低并向加载端靠拢,同时减小了加载端与自由端的粘结滑移,纳米 SiO_2 的加入还减小了粘结应力分布曲线的波动。相同条件下,梁式粘结试件近加载端的粘结应力极值比 Losberg 粘结试件和标准粘结试件更靠近加载端,其中标准粘结试件的粘结应力极值离加载端最远;梁式粘结试件的两个粘结应力峰值较为接近,粘结应力分布沿粘结区段分布也较为均匀;Losberg 粘结试件和标准粘结试件的粘结滑移曲线在各级荷载下的加载端粘结滑移与自由端粘结滑移趋势都较为接近。在此基础上,提出了钢筋－钢纤维纳米混凝土粘结应力—滑移关系模型。

(4)随基体强度的增大,钢筋－钢纤维纳米混凝土梁的开裂弯矩可提高 1 倍左右;随钢纤维体积率的增大,开裂弯矩可提高 10% 左右。相同条件下,钢纤维的加入减小了梁的裂缝宽度,增加了裂缝数量,随着钢纤维体积率和混凝土基体强度的增大,梁的刚度和承载力得到了不同程度的提高。纳米材料的加入对梁开裂弯矩、刚度和承载力的影响均无明显的规律。

(5)钢纤维可显著提高钢筋纳米混凝土梁的正截面受弯承载力,与不掺加钢纤维的梁相比,钢纤维体积率为 0.5%、1.0% 和 1.5% 时梁的受弯承载力分别提高了 11.7%、17.1% 和 24.3%,这是由于钢纤维承担了梁受拉区的一部分拉应力。考虑梁开裂以后钢纤维对开裂截面的作用,建立了钢筋－钢纤维纳米混凝土梁的正截面承载力计算方法。同时,基于有效惯性矩法和解析法对梁的截面刚度进行了分析,结合国内外现行规范,提出了钢筋－钢纤维纳米混凝土梁截面刚度的计算方法。

7.2　主要创新点

(1)以钢筋－钢纤维纳米混凝土粘结性能试验为基础,分析了钢筋－钢纤维纳米混凝土粘结滑移曲线、粘结强度和粘结破坏形态的影响因素,探讨了钢纤维与纳米材料对粘结性能的增强机制。根据钢纤维纳米混凝土具有较大变形和裂缝扩展能力的特点,建立了钢纤维纳米混凝土环向应变和环向伸长的表达式。在此基础上,将弹性力学理论、虚拟裂缝理论与钢纤维纳米混凝土软化模型相结合,提出了钢筋－钢纤维纳米混凝土粘结强度的计算方法。

（2）通过对钢筋纵向开槽、槽内均匀粘贴应变片的局部粘结试验结果的分析，建立了三次多项式表达的粘结应力分布函数，得到了各级荷载作用下钢筋－钢纤维纳米混凝土粘结应力和相对粘结滑移沿结区段的分布。在此基础上，提出了钢筋－钢纤维纳米混凝土粘结应力—滑移关系模型。

（3）以钢筋－钢纤维纳米混凝土梁正截面受弯性能试验为基础，分析了开裂弯矩、裂缝发展、跨中截面混凝土应变和挠度的影响因素，考虑梁开裂后钢纤维对开裂截面的作用，提出了钢筋－钢纤维混凝土梁正截面承载力计算方法及公式，同时结合国内外现行规范，建立了基于有效惯性矩法和解析法的梁的截面刚度计算方法及公式。

7.3　展　　望

本书进行了钢筋－钢纤维纳米混凝土粘结性能和钢筋－钢纤维纳米混凝土梁的正截面受弯性能研究，提出了相应的计算方法和公式。由于时间限制和作者水平等原因限制，本书关于钢筋钢纤维纳米混凝土粘结及其梁受弯性能的研究并不全面和深入，仍有很多工作需要进一步深入探讨，主要包括：

（1）不同粘结试件形式的粘结机制研究。粘结形式不同，其粘结机制也不相同。本书只基于试验结果分析了三种粘结试件的粘结性能，缺乏相关的理论支撑，需结合力学理论和数值分析手段进一步研究其粘结机制。

（2）钢筋与不同类型混凝土基体粘结应力及粘结滑移分布研究。利用本书采用的试验技术，进一步研究钢筋与聚合物纤维混凝土、钢筋与纤维再生骨料混凝土等的粘结应力及粘结滑移分布。

（3）疲劳荷载作用下钢筋－钢纤维混凝土的粘结性能研究。钢筋－钢纤维混凝土构件除承受静载作用外，还可能承受疲劳荷载，需要研究疲劳荷载作用下钢筋－钢纤维混凝土的粘结性能。

（4）钢筋与新型钢纤维及纳米材料混凝土粘结性能研究。随着技术的进步，钢纤维和纳米材料也向着高性能、多样化发展，例如4D、5D钢纤维等，纳米 TiO_2、纳米 MgO 和纳米 Al_2O_3 等，需要研究钢筋与新型钢纤维及纳米材料混凝土的粘结性能。

（5）钢筋与多层次级配混凝土的粘结性能研究。本书试验中仅采用纳米材料对混凝土进行了微观层次上的复合，而纳米材料粒径极小，无法与现有最小骨料形成连续级配，限制了纳米材料性能的发挥，需在混凝土中加入粒径合理的材料形成从微观上到细观上的连续级配混凝土，进一步改善界面处基体组织并将其应用到构件层面的研究。

（6）钢筋－钢纤维纳米混凝土梁延性及裂缝宽度计算方法。本书仅对钢筋－钢纤维纳米混凝土梁的裂缝发展、正截面承载力和刚度进行了分析与计算，从试验结果可以看出，钢纤维对梁的延性和裂缝宽度有很大的影响，有必要从理论上进一步分析，提出钢筋－钢纤维纳米混凝土梁的延性及裂缝宽度计算方法。